JN194335

光プロジェクトの夢――スペシャリストたちの挑戦

新千歳空港に隣接した大学建設用地

初代学長の佐々木先生自宅で開かれていた、
研究室の新年会

1995年「千歳ホトニクスバレー構想」のプロデューサーを担ってきた今村陽一（右）と、坂本副本部長、佐々木（初代学長）慶應義塾大学教授

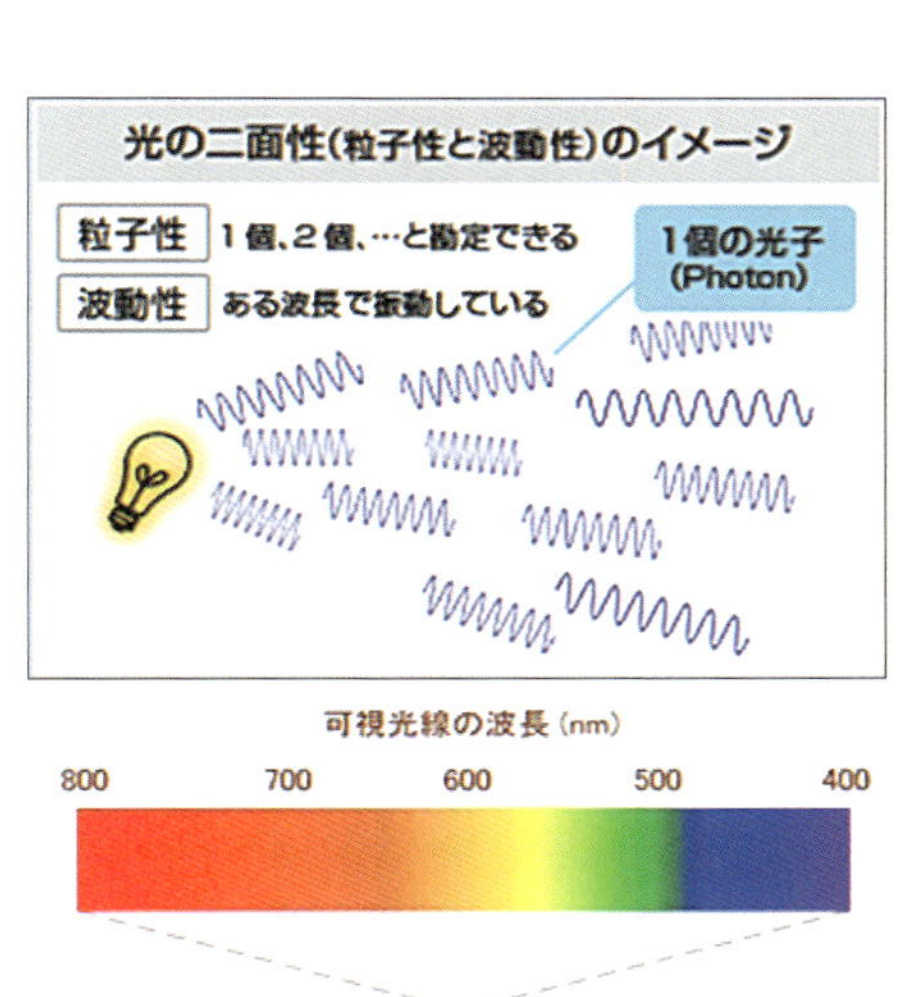

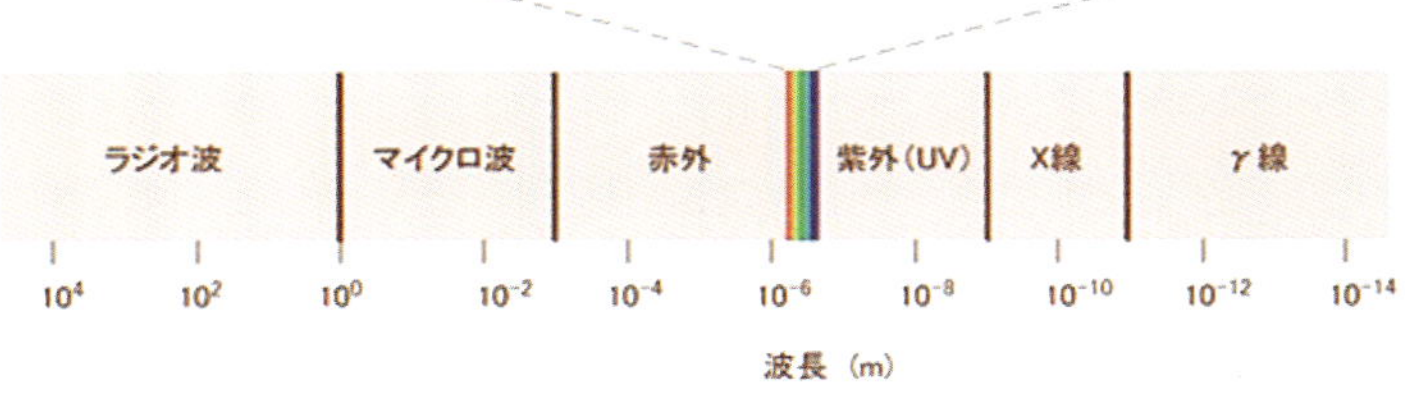

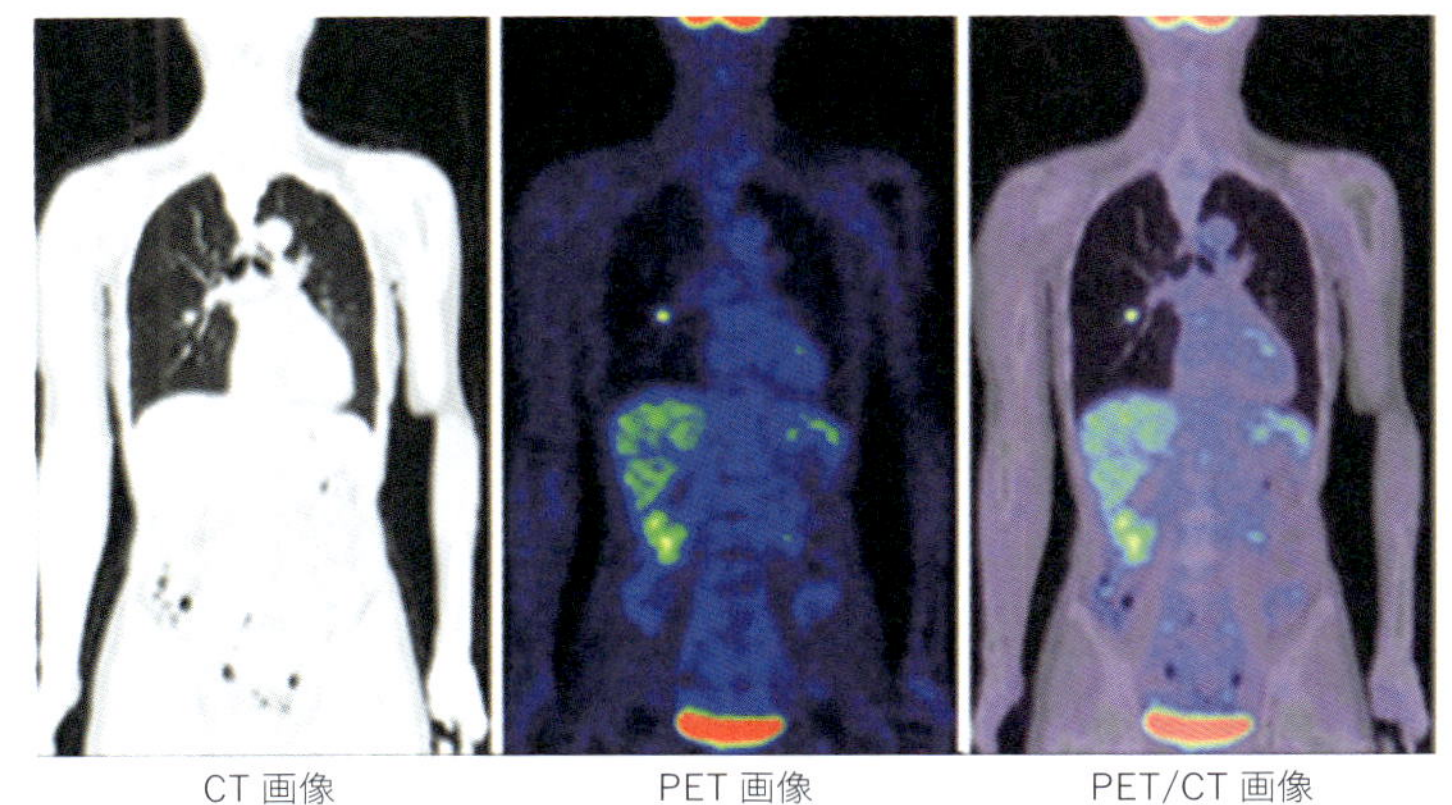

CT 画像　　PET 画像　　PET/CT 画像

ホトニクスバイオメディカル
光でがんを発見・治療　光線力学的癌診断ＰＤＤ・治療ＰＤＴ（李研究室）

右：正常細胞
左：がん細胞

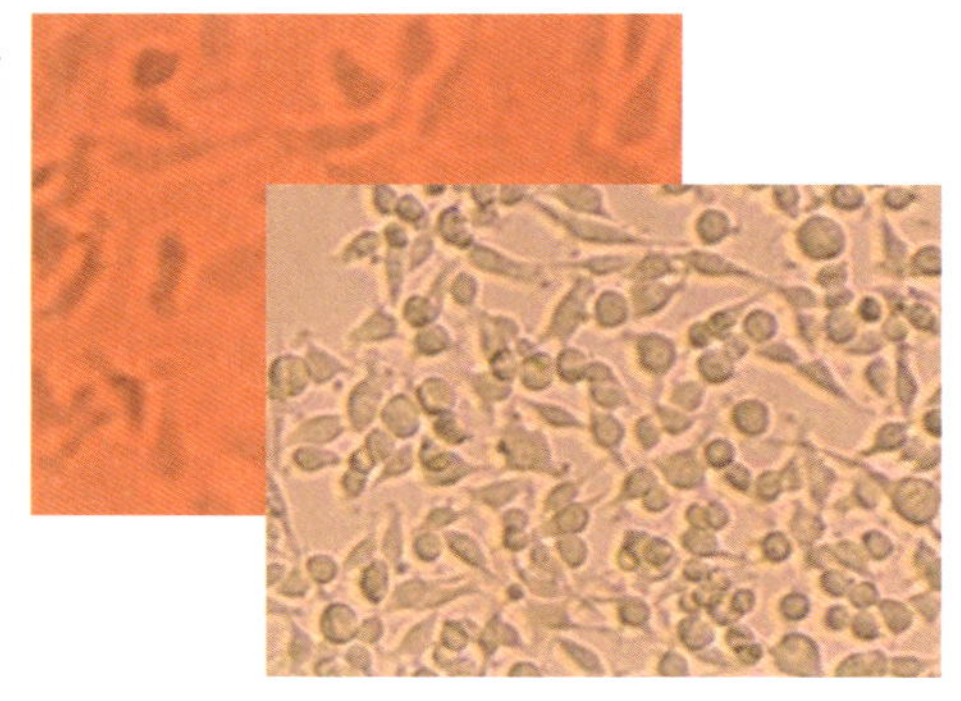

664nm 半導体レーザの励起によるセル中の発光物質
Talaporfin 水溶液の光る様子

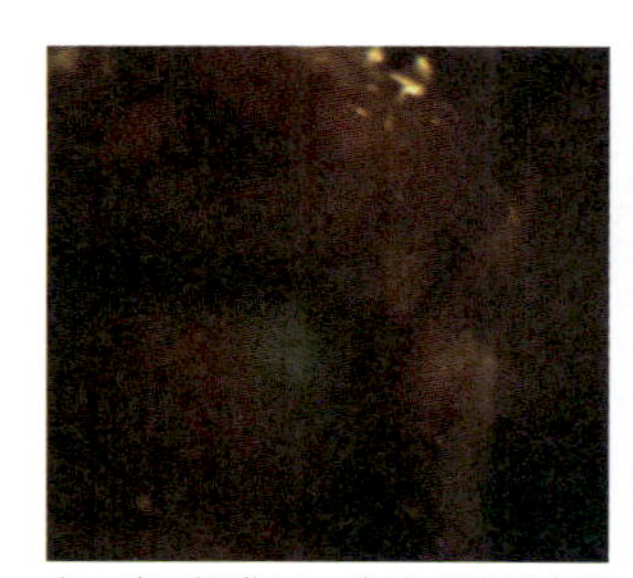

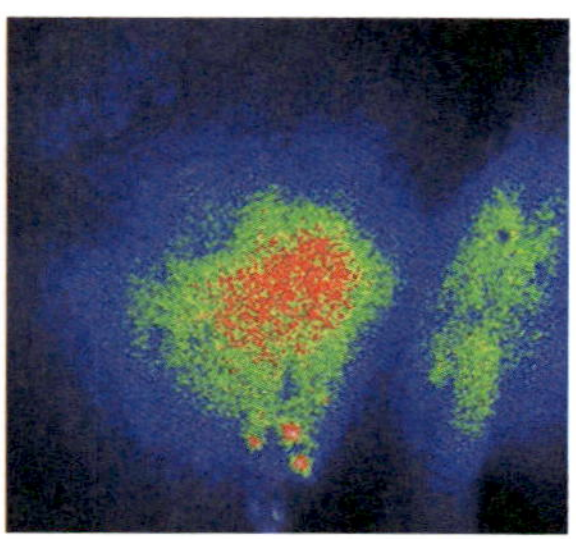

左：癌の標識として緑色蛍光蛋白質（GFP）が光っている様子
右：同患部で波長 664nm の半導体レーザによる癌に集積した発光物質
Talaporfin の蛍光画像

LEDで植物栽培
太陽電池で省エネ、健康志向・おいしさがキーワード（吉田研究室）

LED を使った植物栽培の実験。ビタミンを 3 倍に増やすなど、特定の物質を増加・減少させることによって病院食など機能性食品としての活用が期待される

両面受光型太陽電池：冬季は片面よりも 30%発電効率が上昇

共同利用物性実験室

レーザ装置は卒業研究で自由に使用できるほか、産官学連携のプロジェクトにも使用されている

超短波パルス（唐沢研究室）

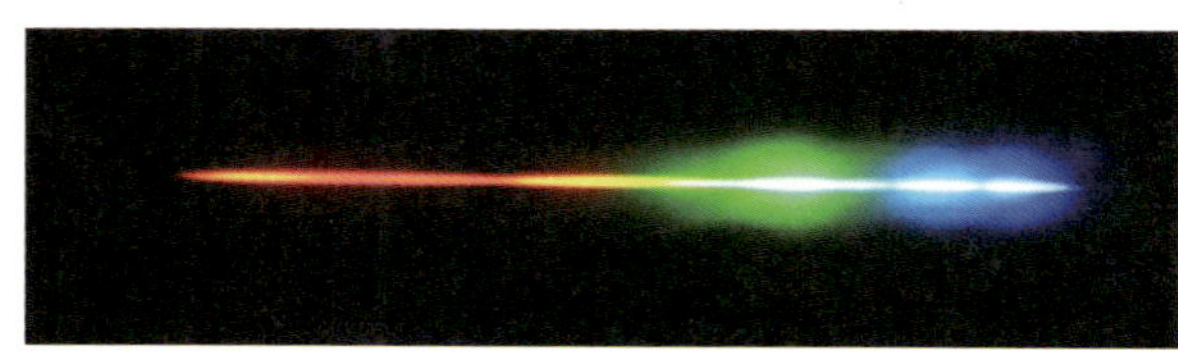

超連続光の色の分布
光ファイバーに超短光パルスを導くと光の強度が非常に高くなるため超連続光と呼ばれる光が発生し、レーザ顕微鏡など多くの応用に用いることができる

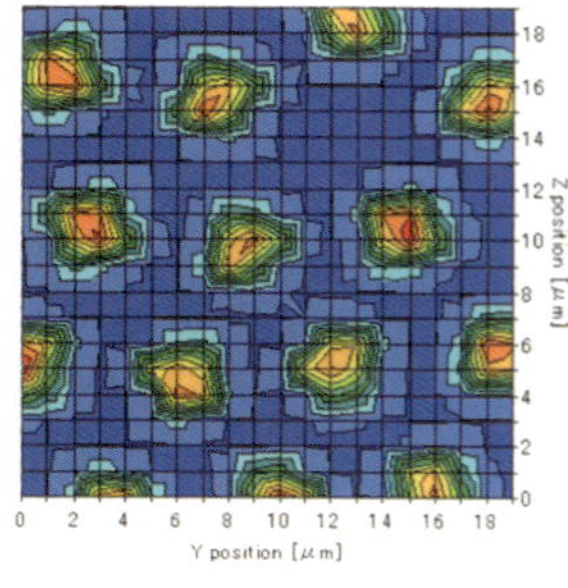

顕微鏡に応用すると試料の分子組成や微細構造がわかる
超短光パルスによる発光から得られた構造（赤枠に対応）

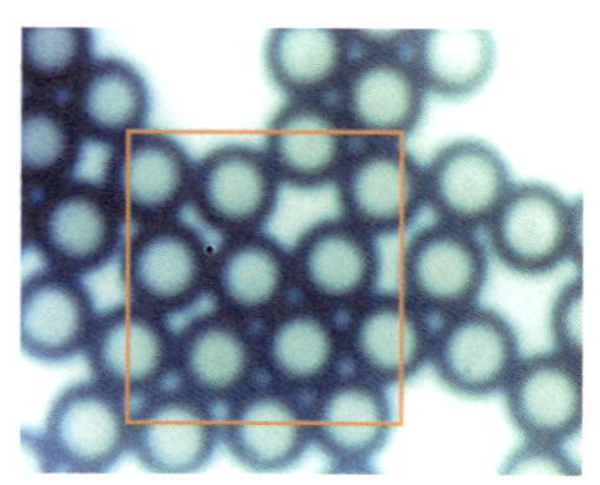

ポリスチレン球の顕微鏡画像

光計測（山林研究室）

機上搭載型光近接高度計→防災センサN

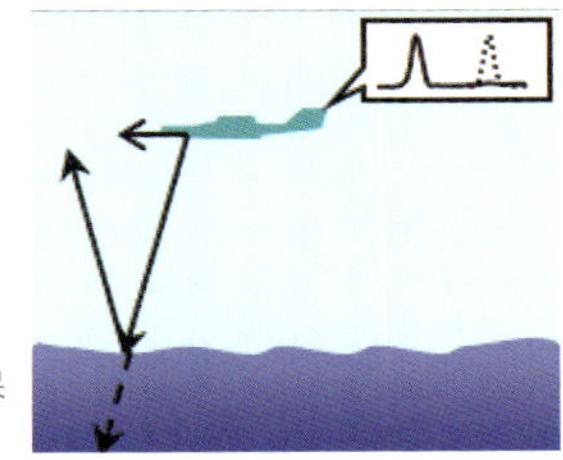

水上機の着水時安全確保のための水面精密検出

可視光無線LAN（LD）（山林研究室）

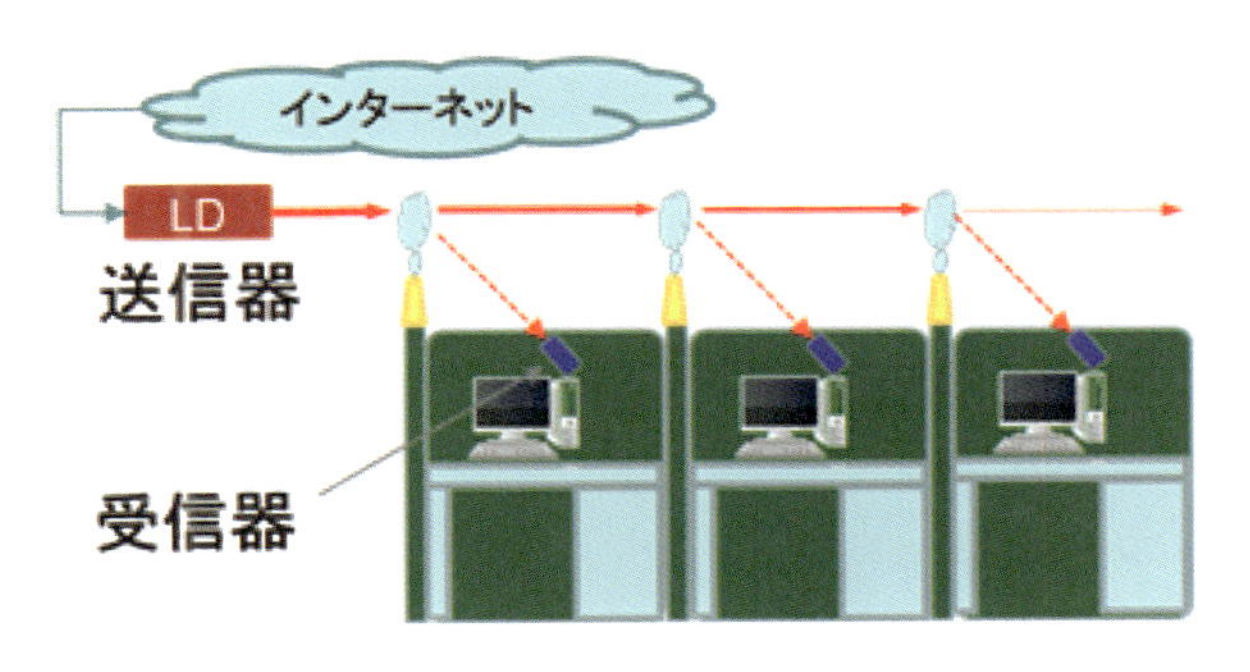

空間ビーム伝送で加湿器などの噴霧による散乱光で受信を行う。セキュリティに優れた双方向室内通信を行うため、多地点受信が可能

光ファイバシステム

光・無線融合システム（吉本研究室）

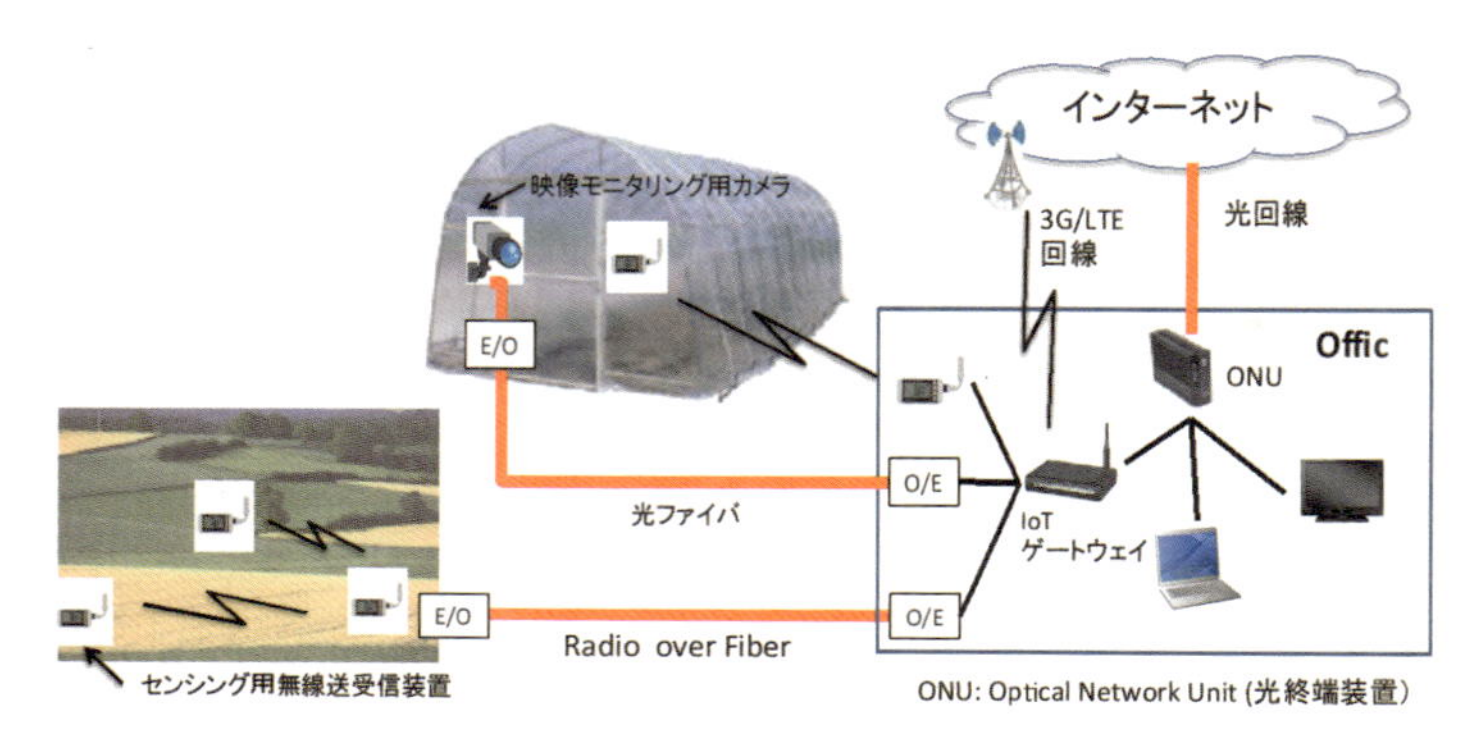

無線によるサービス提供エリアの拡大などネットワークの実現を研究

次世代〜次々世代までそろうデータ通信サービスの装置などを使って研究

【光ファイバ】光通信方式を研究

千歳科学技術大学で開発された技術（PST I）

世界最先端の光ファイバ作成装置

原材料からできる光ファイバの長さ（通信用の場合）

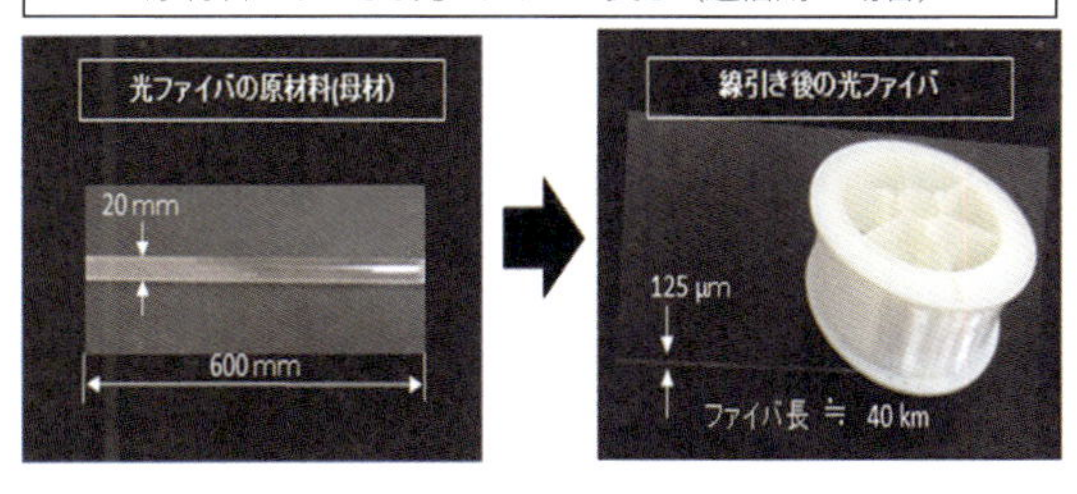

2cm×60cmのガラスが 40 km、約千歳・札幌間の光ファイバまで伸びる

光ファイバ線引き工程図

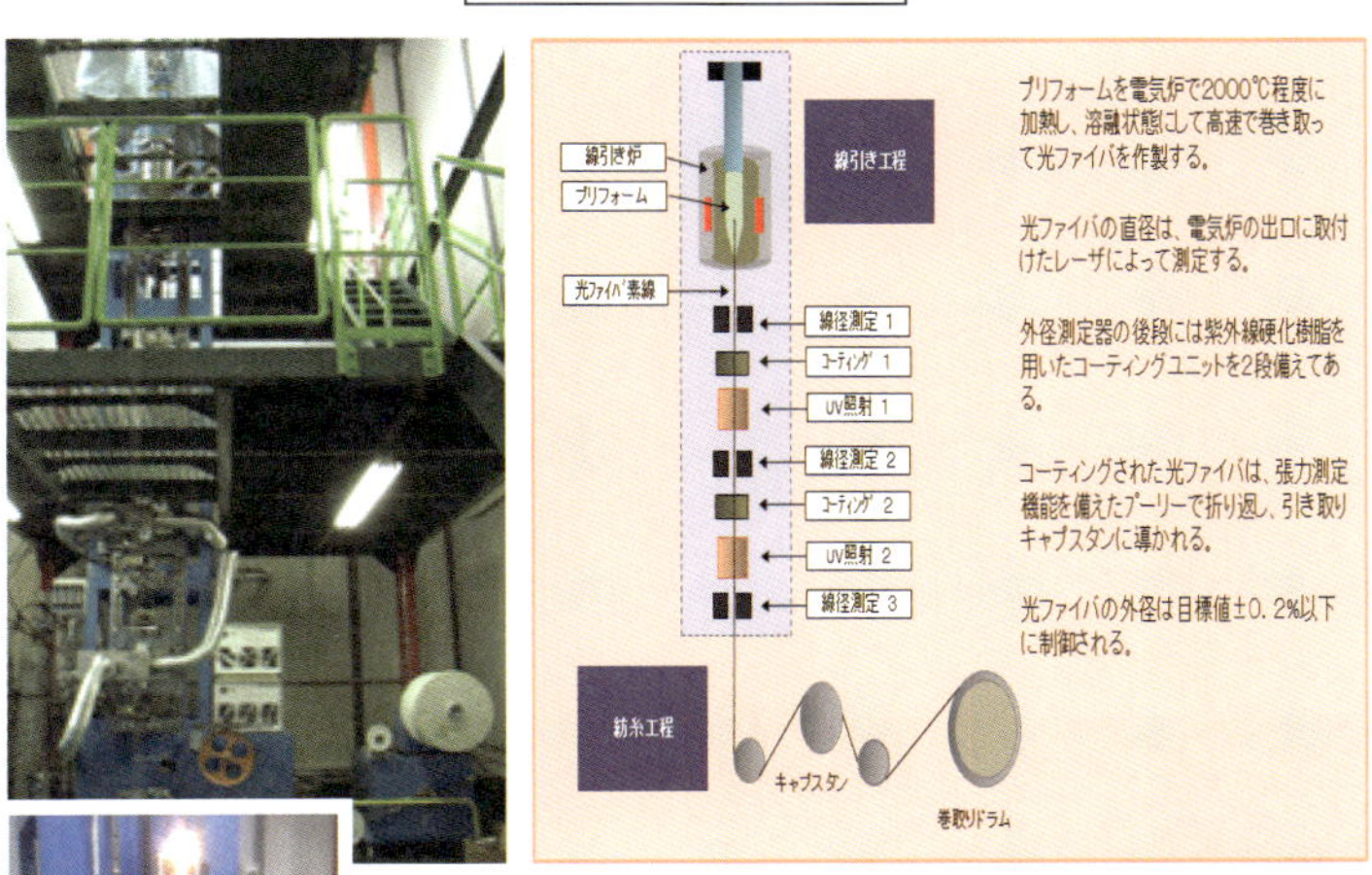

線引炉を出る光ファイバ素材

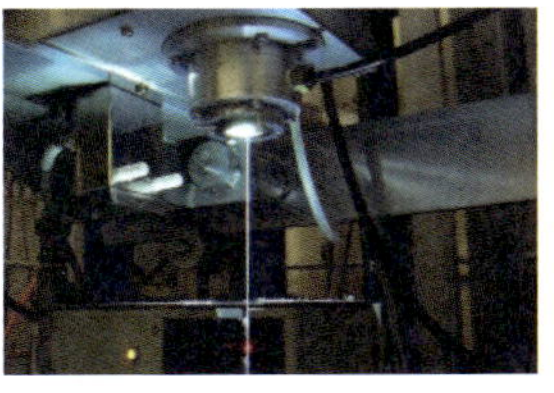

加工される母材

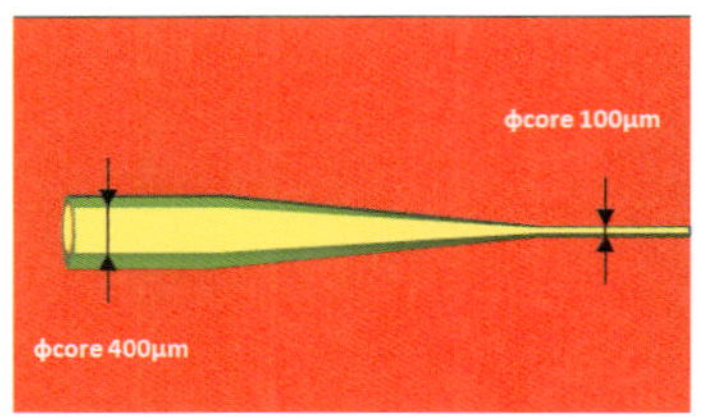

レンズのないレンズ（テーパ光ファイバ）
入射光のスポットサイズをファイバ内で最小径に変換することができる

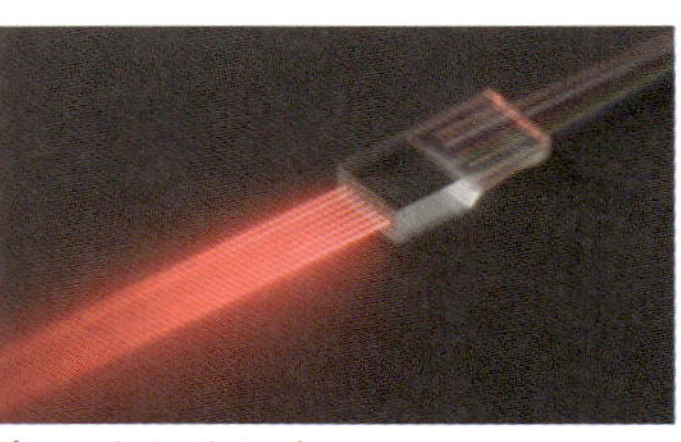

光ファイバコリメータ
光ビームを並行光で空間伝送でき、0.5 d B／10mmと低い伝送損失を可能にした

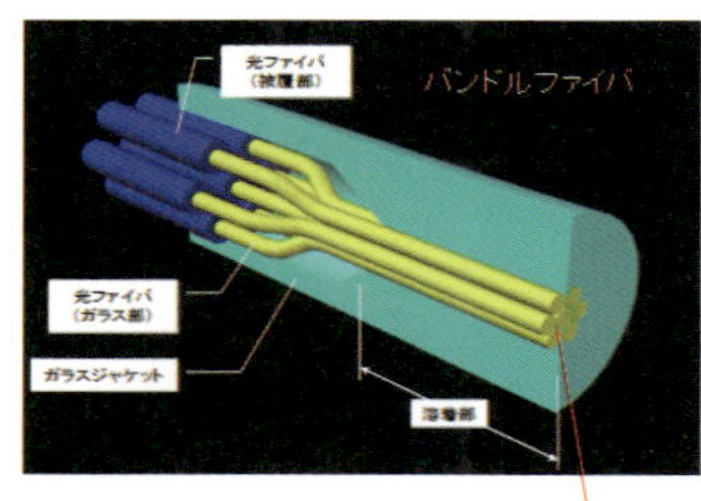

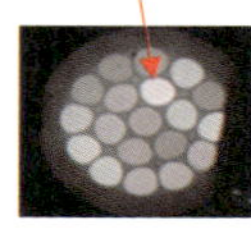

レーザ加工・溶接・切断

地場企業からの調達

- 母材作製用合成容器（ガラス製）
- ガラスバーナ
- スート製造装置架台
- スート引上げ制御装置
- 母材屈折率測定装置
- 母材外径測定装置
- 排ガス洗浄装置
- 光ファイバ巻取りドラム
- 光ファイバコーティング用ダイス・ニップル
- ガラス母材穿孔

光プロジェクトの夢

スペシャリストたちの挑戦

発刊に当たって

平成九年十二月、おそらく世界で初めてとなる光技術を専門とする学校法人千歳科学技術大学の設立認可が下り、翌平成十年四月同大学が開校しました。このことは道内市町村をはじめ各方面に強烈な印象を与え、「奇跡が起きた」とまで称されるようになりました。

当時の千歳市は、人口八万九千人、道内三十二市中十二番目という規模の自治体です。学術分野への繋がりが薄く、最先端の研究開発に不可欠な高度の専門知識に触れる機会も少ない中小都市が自力で大学を設立することなど、誰の目から見ても無謀で無分別な挑戦と映っていたからです。それでは何故不可能とまで思われた大学の設立が実現したのか。本書は、光プロジェクトと銘打ち、千歳科技大と同大学発のベンチャー企業であるフォトニックサイエンステクノロジ株式会社（ＰＳＴＩ）の設立とビジネス運営に焦点を当て、奇跡に挑戦した人たち（本書ではスペシャリストたちと呼ぶことにした）が辿った幾多の苦難と努力の足跡を貴重な遺産として後世に伝えたいと願い、ノンフィクション作家の川嶋康男氏に執筆を依頼し、三冬社の協力を得て発刊するものです。

千歳市は、大学の誘致活動を平成元年から行ってきましたが、なかなか実現しませんでした。そして気づいたことは我々の目的は、大学誘致ではなく千歳市を活性化させる事であり、その為に大学と関連機関等は如何にあるべきか、具体案を検討・構築する事が最重要であると考えたのです。そこで大きなビジョンとして「ホトニクスバレー構想（ＰＶＰ）」を構築しました。

新千歳空港周辺地域に光技術の国際的研究開発拠点を構築しようという呼びかけは、平成元年に承認された道央テクノポリス整備計画が掲げる「国際的吸引力のある産業政策の展開」という目標とも合致し、更にノーベル賞受賞者を含む国内外の研究開発者たちの共感をも呼びました。

また、産学官を繋ぐホトニクスワールドコンソーシアム（ＰＷＣ）の設立を通じて大学・研究機関や多くの企業へと支援の輪が広がっていったのです。実務的には、大学設立推進本部の職員が、大学の創設は千歳市を世界の舞台へと飛躍させる最強の施策であると頑なに信じ、文字通り心血を注いで過酷な業務をこなしてくれました。特に日立製作所の今村陽一氏、慶應義塾大学の佐々木敬介教授との運命的な出会いと多くのスペシャリストたちの輪の結束により千歳科技大は誕生したことに他なりません。

一方、光プロジェクトにはもう一つの使命がありました。千歳科技大での研究開発成果を事業化し、光技術の産業集積を図ることです。その先導役として同大の関係者が中心となって、ＰＳＴＩを立ち上げました。しかし、一口に研究成果の事業化とは言ったものの、次から次へと難問が待ち受けていたのです。人がいない、施設もない、研究費もままならない中で、どうやって光技術を駆使した最先端のモノづくりを進めるのか。そこにはどんな状況に陥ろうとも、光技術のコア企業になるのだという不退転の覚悟が求められたのです。

本書には、光プロジェクトの企画立案過程や危機に直面した際の対処方法などが赤裸々に描かれています。特に夢を共有する仲間との出会いと信頼関係が奇跡を起こすことの一例として学術研究や地域創生、企業内で新事業開発に携わる人たちのテキストとなることを願っています。

平成三十一年　　ＰＳＴＩ代表取締役社長（元千歳市大学設立推進本部長）　坂本　捷男

目次

第1部 「光」の大学設立編

第2部　ベンチャー活動実践編

おわりに

第1部

「光」の大学設立編

序章

男たちは〝サムライ〟になった

北海道の空の表玄関にして、羽田、成田に次ぐ年間乗降客数二千四十五万人（平成二十七年実績＝千歳市）、国際線三百二十九万人という三百万人突破（平成二十九年実績）の国内有数の規模を誇る二十四時間開港の国際空港、新千歳空港がある。一地方空港としての利用数は、世界的にも稀で屈指の数字を誇り、三千メートル滑走路二本が南北並行に走り、航空自衛隊千歳基地（旧千歳空港）も隣接・接続する、日本の防空上の拠点空港ともなっている。

その滑走路を離着陸する折に俯瞰する広大な原野の一隅に、千歳市の新興プロジェクトにより平成十年に開学した技術系単科大学千歳科学技術大学のキャンパスがゆったりと広がる。

今から二十年前の千歳科学技術大学案内がある。最初の頁をめくると、両腕を組み、爽やかな笑顔で佇む初代学長佐々木敬介の上半身が写る。

「さあ、on your mark」と、スマートに呼びかけるセンスが奇抜で類を見ない。

そこに謳われているのが、建学精神、なによりも理想とする大学の在り方を自らの慶應義塾大学教授経験を踏まえ「人知還流」「人格陶冶」と挙げる。そして、佐々木学長自ら開学への思いをこう語る。

「千歳市から大学設立の相談をされた時、どういう形態の大学にすれば若者の可能性を最大限に発揮させることができるか、市や北海道、ひいては日本や世界のために貢献することができるか。そんなことを考えました。

ボールを千歳市に投げ返す前に、世界の研究仲間に問いかけてみました。光をキーワードにして、そういう考え方の研究展開が教育として成り立つかどうか、企業にとって実際に魅力あるテーマかどうか。これを確かめるために、また私の一人よがりでないことを確認するために、国際会議のたびに世界中に問うて回りました。すると百人中百人とも、答えは『ワンダフル！』。これに励まされて、千歳市とともに実現に向けて第一歩を踏み出したというわけです」

国際交流の多い科学者の顔を覗かせる佐々木学長だが、じつは、この千歳科学技術大学の構想・開学に至るまでには自らの研究成果や国内外の科学者人脈を駆使した、新たな光研究テーマを提案し全人生を捧げる覚悟で臨んでいたことは知られていない。

しかも、慶應義塾大学教授の職にある自らを筆頭に、佐々木構想に共鳴して共に実践すべく佐々木の元に草鞋を脱いだ教師陣と〝サムライ〟集団。開学に向け同時進行で準備を重ねてきたことは、いまや伝説でさえある。

彼らをあえてサムライと敬称する意図は、各人がそれぞれの持ち味や才能を存分に駆使して役割を担い、佐々木学長と夢を一つにしてプロジェクト完遂を目指してきたからである。

その平成のサムライたちはいまも現役である。まずはその横顔を紹介してみる。

千歳科学技術大学設立のプロジェクトを担い、千歳市職員ながら〝スーパー公務員〟との評価も高い現フォトニックサイエンステクノロジ㈱社長坂本捷男。日立製作所元新事業開発本部長ながらフットワークの軽さと積極果敢な才能が抜きんでた今村陽一。その今村の先輩で、慶應義塾の佐々木研究室で学び、ＮＴＴ研究所にて光ファイバ研究等に勤しみ渡米していた現千歳科学技術大学名誉教授小林壮一。研究の実務者として佐々木敬介の後継を担い教授として要請されていた。同じくＮＴＴ組の工学博士吉田淳一教授、二人とも佐々木イズムを大学で実践する重要な存在であった。

援軍として参加した中島博之もＮＴＴ組ながら、日立総研が纏め上げた「ホトニクスバレー構想」の要となる研究組織「ＰＷＣ（ホトニクスワールドコンソーシアム）」（現在は特定非営利活動法人）の理事兼コーディネーターを担う。

いずれも五十、六十代の働き盛り。私心なく、人類の繁栄と光テクノロジー研究の成果を、先端技術の革新という「夢追い人」の一途な純情さが、古典的であり革新的でもあったとの形容が似合うサムライたちだ。さて、彼らが迎え撃った二十年前の砦の外に出てみることにする。

本稿も「on your mark」、＝位置について！＝と。

第1章 余命三ヶ月

佐々木敬介学長、病の報

千歳科学技術大学の開学を三週間後に控えた平成十年三月十六日、佐々木学長が慶應病院に入院した。突然の報に関係者は晴天の霹靂の感で受け止めていたが、一方で、学長は昨年六月にも慶應病院に入院し、胆嚢の手術をしていた経緯はあるものの、学生時代は野球部で活躍していたことから、健康には頗る自信をもっていた。周囲も大事には至らないだろうと楽観視していた。

実は、この入院には伏線があった。後に千歳科学技術大学の二代目学長となる緒方直哉教授が、佐々木学長の招聘を請けて千歳に赴任していた折のこと、つまり平成十年三月中旬と緒方教授は「佐々木先生を偲んで」に記しているが、この中旬が三月十四日にあてはまる。というのも、緒方教授は入学試験の終えた二月に佐々木学長をフィリピンのマニラで開催された国際会議に誘い、本来の目的であったゴルフを楽しんできたというのである。

三月に入り、緒方教授は上智大学時代の教え子に北海道大学大学院生がおり、彼らとの飲み会に佐々木学長を誘ったところ快諾して来札。ススキノの居酒屋で酒を酌み交わしていた折、その佐々木学長が途中で体調を崩し一人タクシーで千歳に戻っていた。「その時以来病床に伏されて」との記述が残っていた。

佐々木学長は、千歳の滞在先でもあるマンションに戻ったものの、体調不良は快復せず、翌十五日朝、空路上京して自宅に戻ると、翌十六日に慶應病院に入院したという足取りになっていた。

学長入院の一報を日立製作所の今村陽一から知らされた千歳市大学設立推進本部長の坂本捷男は、空路上京し見舞いに駆け付けた。羽田からタクシーを使い新宿信濃町にある慶應病院にやってきた。病室に足を踏み入れた坂本の目に飛び込んできたのは、悄然とベッドに横たわる佐々木学長の姿であった。顔色はなく体力の衰えは明らかだった。窓側の椅子に座る紀美子夫人の表情は沈んでいた。

「坂本さん、遠い所からありがとう」

佐々木学長の口から飛び出す言葉は普段のゆったりした口調だった。聞きなれた声ではあったが、容体の見通しに不安を募らせた。

「学長こそお元気そうで何よりです」

「まあたいしたことないよ」

笑顔で応える佐々木学長、持ち前の明るさだけは健在だった。

体調を崩す遠因が、前年六月に行った胆嚢の手術の後遺症であったのか、胆嚢に関連した新たな発病なのか、坂本は想像する程度であったが、これまでの健康体の学長の様子から推察しても、この時点では大病の患いまで考え及ばなかったという。

今村陽一にして佐々木学長の体が重篤な状態に陥っていようとは想像すらしていなかったという。

入学式

小康を保った佐々木学長が千歳の空に降り立ったのは、四月八日。ＪＡＳ（旧東亜国内航空）一一三便で午後三時五十分。坂本が出迎えると今村と紀美子夫人とフジテレビのカメラクルーに付き添われて姿を現した。その足で坂本が手配した千歳日航ホテルに入った。

翌日の夕刻に学長、理事長、教授会の運営打ち合わせの後、第一回の教授会を開き、開学の顔合わせを行った後、学長も加わり打ち合わせとなった。

今村は佐々木夫妻とともに日航ホテルの和食レストランで内祝いを開いた。その折の佐々木学長の様子をこう回顧する。

「佐々木先生は少しやせていましたが、この三年間を振り返り、昔話と今後のことで話が盛り上がり、楽しい会食でした」

慶應病院の入院から現場復帰して、やっと一里塚ともいえる入学式を迎える喜びは、学長はもとより今村や坂本にとっても大いなる第一歩であった。話題の向かう先は、やはり今後のスケジュールに向いていく。前期の授業日程から大学が本格的にスタートすることになるが、気の抜けない日々は続く。佐々木学長も心地良い酔いにひと時を費やしていたという。

四月十一日、待望久しい入学式の日を迎えた。佐々木学長は家族を伴って学長室に入ると、机の上に置かれた学長名が刻まれた真新しい銘板を前に記念写真に納まるなど、終始笑顔を絶やすことなく気丈に振る舞っていた。

トレードマークでもある長髪にはめっきり白髪が増え、時折その長髪をかき上げていた。しかし、それまでふっくらと豊かな両頬が、肉を削ぎ取られたように窪み、明るく振る舞っているものの衰えぶりが宿る。

黒のダブルの礼服に白ネクタイを着け、ダンディぶりはいつもと変わらないが、足取りに気力を振り絞り、背筋を意識して伸ばしているのが背後からも分かる。後姿が坂本の眼には痛々しく映っていた。

講堂に入り、雛段に腰を下ろしていた佐々木学長は、司会者の紹介を経てゆっくりと歩を進めた。二百七十三名の学生が緊張した表情で狭い椅子に腰を下ろし、周囲に詰めかけた父兄で息苦しいほどであった。明るい講堂をゆっくりと見渡してから、声に力を込めて切り出した。

「新入生諸君、入学おめでとう。本千歳科学技術大学は、千歳市の物心にわたる全面的支援を受けて文部省より認可を受けた本日、入学式を迎えました。また、本日はご多忙の中町村文部大臣も出席くださり、これから始まる本大学の歴史にとって永久に記念すべき平成十年四月十一日になりました。

本大学は、おそらく世界で初めてであろう光科学部を設置し、これから研究教育を展開して参ります。

申すまでもないことですが、約五百万年前ともいわれる人類の誕生から光は人類を包み育んできました。この光が近代科学として出発するのは今からちょうど百年前の一八九八年の光電効果の発見と、それに続くアインシュタインの光量子仮説以来です。これは、光が電子と深く関わっていて電子を動かすのは電磁波としての光であり、また、電子が動けば光や電磁波が発生する。しかも光はあるエネルギー単位すなわち光量子として関わるというものです。このあたりの基本的な知識は間もなく始まる専門基礎科目の電磁気学や量子力学でしっかり身につけてください。

従来は、日本の自然科学の研究教育では化学、物理学、電子工学等はそれぞれが大きな分野を形成し、それらがさらに分化して専門分野を形成してきました。今回、本大学では、この三分野を栄養供給の根としてその上に光科学の果実を実らせるように大胆な研究教育を計画しました。このことは予め世界の科学者に問い掛けて賛同を得ております。また、これまでは狭いのではないかと思われるかもしれませんがそんなことはありません。先刻申し上げましたように、光は電磁波の或る波長域に存在します。電子との関わりは全電磁波に共通の理論を作れます。

ご存じのように二十世紀は、電子と半導体物質が主役のエレクトロニクスの時代です。一方、一九六〇年のレーザの発明により光科学発展の条件が整ってきて二十一世紀には大きく展開できる見通しがあります。この北海道の美々ワールドの地から世界に向かって教職員、学生諸君が一体となって、実現を目指しましょう。

私は、大学や大学院での研究成果が社会に役立つものであり、教育を受けた卒業生は社会で活躍していただきたいと考えます。そのため、本学はこの千歳の地から展開するホトニクスワールドコンソーシアム（ＰＷＣ）の中核となります。ＰＷＣは産官学の協力により大学の研究成果の実用化と可能性を身につけた卒業生の活躍の場を世界的に展開する機構で、昨年八月にすでに発足しています。このような期待される状況を我々は「人知還流、人格陶冶」の言葉で表現したいと思っています。これから基礎教育における大学の果たす役割は、世界的にますます高くなります。幸いにして本大学の就任予定教員には世界的な研究を展開してきた人物を揃え、ご覧のような世界最高水準の研究設備環境を整えて新入生諸君を迎えることができました。これからは教職員・学生が力を合せて、今申し上げた目標の実現に向かうことを心から期待して私のご挨拶といたします」

万雷の拍手を得て、佐々木学長は深々と頭を下げた。じつに明快な大学教育の目標と建学精神を謳う論理は、希望に満ちた挑戦者の片鱗を覗かせて機知に富む挨拶であった。

「佐々木先生の魂の叫びにも似た、夢への挑戦を決意させた式辞でした」

見守っていた坂本捷男や今村陽一の心にも共振していた。

佐々木学長は、式典を終えると学長室に戻り、学長机の前で記念撮影に臨んだ。これまで苦楽を共にしてきた坂本捷男、今村陽一も、心ひそかに折目の日を確認していた。ひと時のリラックスが学長室に漂っていた。だれもがこの日を心待ちにしていたことでもあり、自然に笑顔が浮かんでくる。

佐々木学長は、簡単な打ち合わせを済ませると、夕刻に今村陽一に導かれるように自室に取材に来ていたフジテレビの安部ディレクターに付き添われ、妻の紀美子とともに車で新千歳空港に向かい、空路帰京し、慶應病院に戻った。なんとも慌ただしい入学式となった。

予兆

それから十日ほど経った四月二十一日、開学式の打ち合わせで在学していた辻岡理事長が、佐々木学長の安否を心配してこんな話を専務理事の坂本に持ちかけていた。

「やはり後任の学長を考える時期にきていますよ。適任者はいないだろうか。緒方直哉教授ではどうですかね。わたしは佐々木学長を継ぐには適任者だと思いますがね」

辻岡理事長の言葉を耳にして、坂本は正直なところ、そんなことまで考えなければならない段階なのか、なんとも遣り切れないわだかまりがたちあがるのを抑えきれなかった。

今村によれば辻岡理事長は、慶應義塾時代は大学の理事を兼ねた医学部教授の任にあり、医学系の情報を入手しやすかったのだろうと推察していた。

そして、二十三日の帰り際に坂本は学長の病状について、理事長から初めて詳細な説明を受けた。

「月単位での病状を見守る必要がある。最悪の場合を覚悟しておかなければならないだろう」

告知

五月の連休が始まった矢先、今村の自宅の電話が鳴った。居間で新聞に目を通していたが、嫌な予感が脳裏を掠めた。

——ゴールデンウィークだというのに、朝っぱらから誰だろう……。

今村は、パジャマ姿のままプッシュホンに手をかけた。時計の針が午前七時を指していた。

受話器を耳に当てると、佐々木学長の声であった。声が暗く沈みよく聞き取れなかった。念願の大学が開学したのに、なぜ暗い声なのだろうと怪訝な思いを抱いた。

「今村君、朝っぱらから申し訳ないね。じつは昨日、慶應病院から自宅に戻ったばかりなんだよ。申し訳ないんだけど、今村君との約束が守れない事になったよ」

佐々木学長の嗚咽の混じった話し方が奇妙に思えた。泣いているのか、聞き取れない話の内容に合点がいかなかった。「申し訳ない」を繰り返していた。

「先生、どうしました。仰っている意味がよく分かりませんが」

しゃくりあげるように声を詰まらせてもなお、懸命に話を続けようとする学長の様子にただならぬ事態を嗅ぎ取った。

「医者からね、癌と告知されたんだが、私の場合は治療方法がなく余命三ヶ月の宣告を受けてしまったよ……。これからどうしていいのか分からなくてね……」

佐々木学長は涙を堪えながら懸命に言葉を続けていた。今村の眠気も吹き飛んだ。悪い冗談であってほしい、まさかの冗談でしょう……。

「先生、電話では話がよくできませんから、とにかくこれからご自宅に伺います。話はそれからにしましょう。いいですね」

電話ではらちが明かない事態を悟った今村は、受話器を置くと先生の自宅を訪ねることにした。二階の寝室に戻り、手早く着替えるが、指先が震えるのを覚えた。

今村は横浜の自宅を出ると車庫のシャッターを上げ、千葉県に近い江戸川区南篠崎町の佐々木学長の自宅まで車を走らせた。連休初日とあって平日よりは車が少なかったものの、舞浜のディズニーランドと方向が一緒でもあり、マイカーの走る数が目立っていた。車を運転しながらも、半信半疑であった。もし本当だったらどうしよう。先生のケアーをどうすればいいのか。千歳の坂本さんに何と報告すればいいのか。まだ全教員が着任していない現状で、どう運営すればいいのか……。考えるだけで大きな壁がどんと立ちはだかっていたのである。

佐々木宅が近づくにつれ、学生時代には毎年正月に研究室の学生を全員自宅に招いて新年会を開いてくれた、笑顔で酒を酌み交わした時の、屈託のない佐々木先生の姿が甦ってきた。二次会まで誘われてカラオケに行けば、十八番でもある李香蘭の夜来香（イエライシャン）や蘇州夜曲を高音の美声で歌っていたのに……。

南篠崎町の住宅街の一隅で車を止めた。門柱に迎えられて玄関のブザーを押してから、玄関戸を開けた。見るとやつれきった佐々木先生がパジャマ姿で立っていた。その後ろに妻の紀美子が目に涙をためたまま立っていた。今村はゆっくりと挨拶を述べると、佐々木学長は手招きで応接室を示した。言葉がなかった。

いつも訪ねる応接間のソファーに腰をうずめた今村は、静かに佐々木学長の顔を見つめた。

「最近、腹痛が度々続くので、入院して検査をしてもらったところ、腺癌に侵されていると診断されてね、治療方法がないとまで宣言されるわ、おまけに余命は三ヶ月との告知でした。頭の中が真っ白になり、なすすべもなく一度退院して自宅に戻ってきたところなんだ。どうしていいものやら、家内も泣き崩れるだけでね……」

佐々木学長のソファーから遠くない場所にへたり込んだように座る妻の紀美子の姿が、今村の目に痛々しく映っていた。電話の話と変わらない内容に、胃袋が沈み込んでいった。目の前にいる佐々木学長は、いつもの明るい笑顔の佐々木先生とは別人に映っていた。やはり、悪い冗談であってほしかった。佐々木学長はぼそぼそと続けた。

「これからどんな生活をすればいいのか、開校したばかりの大学をどうすればいいのか……」

とまで話すと、沈み込んでしまった。

今村は、適当な慰めの言葉も、対応についての提言すら浮かんでこなかった。ただここで佐々木学長夫妻と、哀しみを共有しているだけでは何の解決にもつながらない。開学したばかりの大学を前に進め、夢を実現させるために結集した仲間たちをここで四散させるわけにはいかない。なんとしても軌道に乗せなければ――。

今村は顔を上げると、佐々木学長の顔を睨みつけるように直視した。そして、佐々木先生は開学したばかりの千歳科学技術大学の学長である。あの晴れやかな開学式で、佐々木先生は光テクノロジーの夢を声高に宣言したことを、ゆっくりと話した。

「先生、千歳科学技術大学が開学したばかりです。先生の夢にあこがれて、目を輝かせて入学した学生たちがたくさんおりますよ。先生と光テクノロジーの研究をするために集まってきた研究者や仲間が、大学に居るんですよ。先生と北海道に光産業を興そうと計画した仲間が、先生を待っているんですよ。いま病気にかまけていられますか」

今村は大きな声で話しかけた。開学したばかりの大学には、佐々木学長を慕って教壇に立つ仲間や後輩が控えている。いま、佐々木先生が夢を放棄するようなことがあれば、先生を慕ってきた人たちは、誰を頼りにすればいいのですかと、今村は佐々木学長には、多くの仲間が待っているのだと言った。

「先生、大学にはまだ一年生用の教員しか着任していません。ここで先生の病気が表ざたになったら、佐々木先生を慕ってこられる就任予定者のキャンセルがでたり、学生募集においても大きな影響が出ますよ」

今村は一呼吸置くと、思いの丈を込めて呼びかけた。

「先生、千歳でみんな待っているんですよ。坂本さんも、辻岡理事長も、緒方先生も待っていますよ」

今村は呼びかけた。俯いたまま佐々木学長の沈黙が続いた。妻の紀美子がゆっくりと顔を上げると言葉をかけた。

「おとうさん、千歳で皆さん待っていますよね――」

佐々木学長がゆっくりと顔を上げた。そこに先ほどまでの憔悴した表情は消え去っていた。目に力が込められていた。一点を見つめる視線が鋭くなり、輝いている。

「早く千歳に戻ろう、そして少しでも多く学生や仲間と接して、自分の思いを伝えていこう。やれるだけのことはやり遂げたい」

「先生、病気の件は、ごく少数者だけのことにします。それ以外は伏せることにしましょう」

佐々木学長は、今村の言葉に頷くと、しっかりとした口調で言葉を紡いだ。いつもの眼力が戻り、背筋を伸ばして立ちあがった。

「今村君、さあ、on your mark だな」

いつもの爽やかな笑顔が戻っていた。

執念

三日、ゴールデンウィークに入り、久々に千歳の自宅で晩酌をやりながら寛いでいた坂本捷男は、電話の呼び鈴に妙な胸騒ぎを覚えた。壁の時計に目をやると午後八時四十五分を指していた。

受話器を取ると、横浜の今村陽一からの電話であった。やはり――との思いがあった。受話器から流れてくる今村の話の内容に、顔が強張るのを覚えた。

「今朝、佐々木先生から呼び出されて自宅を訪ねたところ、病院で腺癌と告げられて手の施しようがないため余命三ヶ月と告知されたのです」

「先生はどうしています」

「奥さんともども憔悴していたのですが、なんとしても頑張ると言ってくれました」

「明日、一番で上京します」

坂本は即答した。

「坂本さん、この件は二人だけのシークレットにしておきましょう」

今村の言葉に相槌を打ってから電話を切った。胸騒ぎが現実になった。坂本にとっても晴天の霹靂であった。なんとか船出はしたものの、大学の教員配置も暫定のものですべての手配が済んでいるわけではない。大学院の準備はこれからだが、片づけなければならない問題は山積していた。専務理事として大学の運営を預かる身の坂本にとって、佐々木学長のネットワークで集まってくれた教員もまだ十分とは言えず、来年以降の運営は手つかずであった。

——よりによって余命三ヶ月とは……。

坂本の脳裏に、佐々木学長の姿が走馬灯のように浮かんできた。開学を楽しみに全力で引っ張ってきた学長が、入学式を終えたばかりという時期に余命を告げられた。学長室の真新しいデスクに何度手を突いたであろうか。自ら買って出た講義を一度も演台に立って行うことがないのか。予期せぬ告知に、坂本の頭もくらくらしてきた。

翌日、朝一番の飛行機で上京した坂本は、羽田に迎えに来た今村とともに佐々木学長の自宅を訪問した。目に飛び込んできたのは、怒りに燃えるような表情を宿して悄然と立ち尽くす学長の姿だった。

坂本はこの時の佐々木学長の様子について、こう回顧する。

「これまで私には決して厳しい顔を見せたことのなかった先生が、この時ばかりは病魔に対する憤りを抑えきれない形相でした。先生は自らの病名は腺癌と仰り、医者が見放したよとも笑っていましたが、余程悔しかったのでしょうね」

暫くして気を取り直すや

「学長になって、教壇に一度も立たずに終わるなんてまっぴらだね。元気なうちにやっておかなければならないことが沢山あるからね、寝てなんかいられないよ。坂本さん、できるだけ早く千歳へ行きたい」

といつもとは違う気迫の籠った声で話しかけてきた。千歳に転院し、治療を続けながら大学に通うという。

坂本を前に気丈にふるまう佐々木学長の態度に、今村はかえって痛々しさを覚えたが、学長が残された命を振り絞る覚悟を決めたものとの張りつめた想いが痛いほど伝わってきた。これを受けて、病院の手配を優先することになった。

もちろん大学の行く末についてはなによりも案じており、こと話が大学に及ぶと、澱みない言葉が連続して出た。

「この大学はね、光技術を中心に据えて世界の拠点を造るという目標があるんだ。その目標を、学者や産業界とも共有し協力して取り組もうという考えでスタートしているから、教員が好き勝手な方向に進んでしまっては、元も子もなくなる。目標をシフトし、学はもとより官と産業界が総力戦でスクラムを組み、相互共存で進んでいくしかこの大学の生きる道はないのだよ」

世界で初めての拠点化を確固としたものにするためには、まずは地元でのリーダーシップを大学が発揮し、何よりも柔軟に連携する手段をいくつも提供するのだという、決死の覚悟が見え隠れする。

佐々木学長の話は続いた。話すというよりは、光テクノロジーの熱のこもった講義そのものであった。

「現実をいうと、化学の教員は電磁波を理解できていないし、特に年長者にはこれから学べといっても無理がある。例えば小さなＰＯＦ（解1）から太いＰＯＦに繋いで光を送ると、太いＰＯＦの中で光は色々な波長で進んでいくが、最後は波長が収束されて一つになって出てくる。これを縮退というのだが、縮退の起こる原理は何か。短い距離で収集させる方法はどうするか等、光の波長変換の原理的な問題があるが、ＰＯＦだけを作成している化学の専門家は、その原理を分かっていないないし分かろうとする意識が欠けている。ＰＯＦのＧＩモード(解2)にしても、その作り方の原理は分かったとしても、ＧＩモードが最良なのかという検証が行われていない。そのためには、電磁気学と併せて活用すべきであるが、分野が細分化されているため、それができないのが実情である。

このことは私しかやれないだろう。電磁波とＰＯＦの両方をやっている研究者は、私以外にいないと思う……。

従ってだ。ホトニクスワールドコンソーシアム（ＰＷＣ）での研究は、全体を見ていまどの位置の研究をやっているかを理解しながら進めなければならない。バラバラに部分だけを取り上げてやっていてはだめだ。大学の理念に科学と物性物理と電磁気を融合した教育を掲げたのは、正にこのことであって、これは学部学科だけでなく、研究者の姿勢についても言えることである」

目の前で講義を聞く今村と坂本といった巡り合わせに見えるが、教壇に立ち、自らに問いながら自ら答えを出していく、問答回廊を行き来する佐々木学長の虜になった姿が、今村には懐かしく思えた。

黒板こそないものの、すべて脳裏の中でのやりとりに集中する佐々木学長。今村と坂本は、死を覚悟した時の凄まじいまでの気迫と執念の深さを、佐々木学長の姿に見て取った。大学の在り方にこれ程までに心を砕いてくれていることに、胸を締め付けられる思いで耳にしていた。

傍らで目を腫らしながら聞いていた妻の紀美子の顔にも笑顔が戻り、夫の姿を見守っていた。

解1　POF：プラスチック光ファイバ。千歳科学技術大学設立時は、ガラス製の光ファイバと比べて曲げに強く安価であることから次世代通信用デバイスとして着目された。光の伝送距離が二百m程度と短いため、施設内のLANケーブル向きである。

解2　GIモード：屈折率分布型ファイバ内の光伝送モード。光ファイバは屈折率の大きなコアと屈折率の小さなクラッドの二層構造になっているが、コアのうち、中心部に向かって徐々に屈折率を大きくしたものをGIファイバという。

千歳での治療

坂本は翌五日、千歳に戻った。大学に出勤すると、元千歳市民病院の医長で、今は市職員の産業医を担っている沖中医師に事情を説明し、佐々木学長の診察治療を依頼したところ、同情を寄せながら快諾してくれた。

五月九日、佐々木先生夫妻がフジテレビの安部ディレクターに付き添われて千歳にやって来た。とりあえずはホテルに滞在し、十一日に千歳市内にある尾谷医院に入り沖中医師の治療を受けることにしたのである。

フジテレビの安部ディレクターは、今村から佐々木学長の元気な姿を記録に残しておきたいので協力してもらえないかと相談を受け、取材に来ていた。フジテレビの取材はこれから断続的に行われ、安部ディレクターはその後も親身に佐々木学長をサポートしていた。

この日から五ヶ月に亘り、千歳での佐々木学長の壮絶な闘病生活が始まった。妻の紀美子はJR千歳駅前のマンション「スカイヒルズ末広」の一室を借りると、毎日自転車で病院に通い、付きりで看病に当たった。坂本も時間を割いては見舞い方々大学との連絡役に走り回っていた。

佐々木学長の訓え

千歳の病院に転院した翌十二日、早速大学に顔を出した佐々木学長は、教職員に訓示するということで、急遽、大学の講堂に教職員全員を招集することになった。佐々木学長は目を輝かせて話し始めた。

坂本は訓示内容を耳にして、

――これではまるで遺言ではないか。

今村の顔を覗くようにして胸を熱くしていた。

佐々木学長は、何よりも大学の設立の意義と教職員の心構えを説きたかったのであろう。この日は、いつもの柔らかな口調とは違い、熱のこもった力強い口調で諭すように説いたのである。

「本学の設立について千歳市から話があったときは、研究がスムーズに行える組織をどう創るべきか必ず問題になると思い、平成六年の夏の間に素案を作りました。世に受け入れられる魅力的な研究であれば、必ずや理解される筈である。どういう研究テーマにするか検討した結果を、世界の研究仲間に問うと全員が『ワンダフル』という答えであった。テーマ設定はエンドレスと言う訳にはいかないが、研究している内容を将来にも生かしていけるという信念が世界中の仲間の共感を得たものと思う。

世界中がバリアーをなくして協力していく時代である。意識の低いところは高い所に吸収されてしまうが、われわれが遣っていることは、将来的にも世界のトップに立てると考えている。そういう研究のelectionを置いて大学を創ってみようと考えた次第です。

研究は付け焼刃ではできない。人集めに成功すればうまくいくはずである。マテリアルと研究とシステムが一体となり、その中間を繋げる分野として教育を置いている。このことを念頭にカリキュラムを作りました。大学の認可はそれを承認したと言え、産学官の共同研究については、研究項目に繋げる教育と共同研究のテーマも考えております。教育と研究を繋げる道筋もつけてあるのです。

小さな大学では、皆が一つにまとまってやらなければ成立しないと考えているので、是非みなさんの協力を願いたい。もちろん、その中で自由にやりたいことはやっても構いません。研究テーマはホトニクスワールドコンソーシアム（ＰＷＣ）で具体化していきます。ＴＡＯ（解３）の資金提供もある。ＮＥＤＯ（解４）の三次元光配線の展開の動きも、急に立ち上がっている。ＰＯＦで我々が主体的にやれる分野がいろいろあるのです。そのうちにグループを作って取り組んでいきたいと思っています。そうすることがベンチャー展開の発祥にもなります。もちろん、自分で会社を立ち上げることも自由にやっていただきたい。

世界的な研究者が、共同研究の展開で来訪する機会が多くなるが、インターナショナルな展開こそが武器になのです。ＰＷＣの中で自分のやれることを見つけて、是非一緒にやっていただきたい。位相と非線形（解５）の問題は学問的に未解決であり、学問的なベースを置いて取り組んでほしい」

坂本には聞き覚えのある中味であった。今村陽一とともに佐々木学長の自宅を訪問した際に語っていた内容と同じであり、いま新たな決意で教職員に語りかける学長は、大学の開学精神を徹底するよう念を押すような口調であった。

解3　ＴＡＯ：旧郵政省の認可法人通信・放送機構。情報通信分野の研究開発や通信・放送事業に関する支援を行う。

解4　ＮＥＤＯ：国立研究開発法人新エネルギー・産業技術総合開発機構。日本のエネルギーと環境問題の解決及び産業技術の競争力強化を目指す独立行政法人。

解5　非線形：原因と結果の間に比例の関係が生まれることを線形と言い、入力を倍にすると結果も倍になり波長の振幅を重ね合わせ出来る。非線形は、入力を倍にしても結果が倍にならず重ね合わせの原理が働かず、多様な構造と運動を生み出すもとになっている。

第2章

仕掛け人〝三銃士〟

千歳市の大規模地域開発と「美々ワールド」

ところで、千歳科学技術大学のキャンパスがある一帯は、昭和六十三年に開港した、三千メートル級滑走路二本を備えた新千歳空港の完成と共に、土地利用に拍車がかかっていた。空港と国道を挟んで広がる大地の一画に、千歳市の第三セクター「美々ワールド」が誕生したのである。

時代はバブル景気が始まった昭和六十一年のまさに最盛期。バブルの後押しによる土地の大規模開発もブームと化し、狂乱とまで騒がれた土地開発が当たり前のように日本中を駆け巡っていたのである。

この美々ワールドの開発を千歳市職員として担っていたのが地域政策課長の坂本捷男である。開発の主眼は千歳市営の牧野四百ヘクタールを活用するのが目的であった。牧野とは、小規模酪農家向けに、夏の期間だけ各農家の牛を預かって放牧管理する牧場である。千歳市は、昭和五十九年から三ヶ年をかけて空港周辺の土地利用を策定。中にある美々牧野地域の整備として、インダストリアルパークとレクリエーションエリアが計画されていた。

当時の市営の〝不動産開発プラン〟状況は、事業の具体化としてサーキット場の建設からゴルフ場の開発と、まるで不動産業界に煽られるような開発計画に翻弄される様相を呈していた。その一端を、坂本はこう回顧する。

昭和六十年頃に、東京に本社を置く会社からF1サーキット場建設計画が持ち込まれた。牧野を含む美々地域は、中央部に五十ヘクタールほどの人工湖があり、その周りにレース場を設ける計画であった。最初は、企画部の空港計画課で担当していたが、のちに企画課に所管替えとなっていた。

この件で、助役に呼び出された坂本は、「美々牧野をサーキット場にしたいので、テクノポリスの計画に盛り込めないか」という話をされた。

「テクノポリスは高度技術を集積することを目的としてするもので、サーキット場を対象とするのは難しい」

坂本は答えた。ところが、同席していた企画課長が、

「自動車走行試験場という名目であれば問題はないではないか」と主張して譲らなかった。そこで、坂本はこうダメ押しをした。

「テクノポリスは地域政策課長の私の所管である。責任者の私ができないと言っているのだから、計画を盛り込むことは無理だ。どうしてもというのであれば、私を担当から外して、あなたがやればいい」

坂本の最後通告ともいえる発言に、担当課長がだめだというのならあきらめるより仕方がないという結論になり、あっさりと断りを入れられて引き下がった。

間もなくして、牧野地域の開発としてゴルフ場計画が持ち上がった。大手不動産会社の提案によるものである。この地域は埋蔵文化財の宝庫であり、かつ航空機騒音の影響が懸念されるため、牧野以外の有効的な土地利用が困難なことから、ゴルフ場用地として購入

してくれるのであれば、千歳市としては歓迎すべきことであると助役は判断していた。この計画も後にテクノポリスを担当する地域計画課長の坂本の所管となった。坂本は「市有地をゴルフ場にするなんて市民が納得するはずがない」と反対し、市長、助役、不動産会社が同席する会議の席上で見直しを主張したが「それは決定事項であるから議論しなくてもよい」と制止されてしまった。「それでは、市有地を民間に売り渡すのではなく、事業主体は第三セクターとしたい」と提案すると不動産会社が難色を示して辞退する始末となった。しかしその後、別の民間企業と千歳市が出資する第三セクター「美々ワールド」が誕生したのである。事業は「美々プロジェクト」と称した。事業計画ではニューコンセプトとしてゴルフ場付工業団地を謳い文句にすると、北海道新聞の社説が「これまでになかった斬新な地域開発である」と絶賛するほど高い評価を受けたのである。

ところが事はそうは簡単に収まらなかった。第三セクター設立前年の平成二年十一月のことである。札幌市に隣接する広島町（現北広島市）のゴルフ場で、農薬が川に流出し下流の養魚場で九万尾が死滅する事件が起きた。この事件をきっかけに、市民の会が結成されゴルフ場建設の反対運動が繰り広げられた。坂本は、自然破壊を推進する張本人として激しい糾弾の嵐に晒されてしまった。この市民運動は千歳市長選をも巻き込み、推進した梅沢健三市長に代わってゴルフ場反対を掲げた東川孝市長が市政を担うことになった。初登庁した東川市長は、坂本を呼び「坂本君、私はゴルフ場はやらないからな」とイキナリ切り出したという。では、どうするのか。議会では、「これまではゴルフ場しか利用価値がないと説明を受けてきたが、代案があるのか」と質問され、市長は「私には考えがあるが今は言えない」という答弁であった。そして具体策がないまま、開発計画は動き始めた。

なんとも場当たり的な対応は、土地バブルに沸く時代の背景とも伺えるが、このことがこれから始まる千歳科学技術大学設立のプロローグとなるのである。

それにしても、上司の持ちかけにも頑として筋を曲げない坂本の硬骨漢が光るのはなぜだろう。ここで、大学設立とその後のベンチャー立ち上げの立役者となった、坂本捷男の経歴を概観してみよう。

坂本捷男の生い立ち

当事者でもある坂本捷男は、昭和十八年十一月に父・熊蔵、母・ミツの間に六人兄弟の長男として北海道赤平市で生まれた。上に長女次女、下に弟二人と妹。熊蔵は北海道炭鉱汽船、通称北炭の赤間鉱の炭鉱マンであった。仕事は炭層に穴を開ける先山の後を担い、穴に発破を仕掛ける発破技師である。発破の後の岩石をトロッコに積み込むのを後山というが、その先山と後山が住む丘陵地帯、いわゆる炭住と呼ばれる木造中二階建長屋とは別の、市街地に近い木造二階建の一般住宅が住まいであった。

捷男の父親の印象は「お人好し」で、このＤＮＡは六人の子どもにも共通していたという。

「小学校低学年まではよく父に遊びに連れて行かれましてね、射的場に行ったり酒場でダーツをさせてもらったりした記憶があります。両親ともに、女の子二人の後に待望の男子が生まれたことで、ことのほか可愛がってくれまして、いつも「ボク」呼ばわりで、周りからも「ボクちゃん」と呼ばれてました」

昭和二十八年、炭鉱の合理化が進められる中、退職勧奨に応募して七十万円の退職金をもらい、新生活に切り替える予定であったが、父が退職金の半分を高利貸しに騙しとられ、ここから苦労の始まりとなった。母が実家を見習い隣町の芦別市に店舗を見つけて魚屋を計画したものの、当初の見込みから外れて豆腐屋兼雑貨屋を始めることとなった。捷男も朝早くから納豆売りをしながらの学校通いだったが、一年で再び赤平に転居。この地で母は旭川の姉の和菓子工場から商品を仕入れての行商で家計を支えることになった。父も再度炭鉱勤めをしたものの、生活を支えるには厳しかったからである。

母の和菓子行商の様子について、捷男はこう回顧している。

「母の姉が嫁いだ小池生菓子工場から仕入れて仲卸をする行商をやることにしたのです。姉の会社から仕入れるため融通もきき、身内ゆえの信頼関係があった。ただ、大変なのは販売先の確保である。母は市内の赤間二区にある北炭の共同売店と、赤平高校と空知川を挟んで向かい側にあった豊里炭鉱の共同売店で販売してもらう成約を付けてきた。また、母の遠縁にあたる犬島菓子店が赤平駅前にあり、こことも取引してもらった。母の手際の良さは見事というほかない。

その小池菓子工場では十人程の菓子職人を抱えて、求肥、練り切り、ゆべし、鹿の子、シュークリーム等のほか、盆には三段重ねの落雁、正月には鯛型の落雁も作っていました」

　捷男もこの工場には度々顔を出した。

「私は、母に連れられて工場を訪れると、霧吹きで落雁の赤、緑、黄の色付けを教えてもらい、仕上げにセロハン紙で包む作業を手伝ったことがあった。私にとっては貴重な職業体験でした」

　母親の行商は、前日に販売先から注文をもらい、小池工場に連絡する。工場では受けた製品を紙の箱に詰めて旭川駅前にある赤帽詰所に運んでおく。翌朝、赤平発六時四十八分の札幌行きの列車に乗り、途中の滝川駅で旭川行きに乗り換え、八時には旭川駅の赤帽詰所を訪ねて仕入れた菓子を受け取る。注文数を確認すると、菓子箱を重ねて一反風呂敷に包みどんと詰まった菓子箱を背負ったまま、今度は来たのと逆の路線に乗り、赤平駅に九時五十七分に到着する。

「当時の時刻表では、往路で旭川駅に到着して帰りの列車に乗るまでの時間と、復路で滝川駅に到着して赤平に行く列車に乗り換えるまでの時間が、もう少し利便性が良かったと思われるが、家を出てから戻るまで三時間強の列車旅でした」

　三時間ほどの往復時間を経て、今度は卸の配達である。紙箱は概ね幅三十×長さ三十六

×高さ八㎝の大きさで、この中に、求肥や練り切り等の小物は五×六列＝三十個を薄皮を敷いて二段重ねし、シュークリームなど大きくて潰れ易いものは四×五列＝二十個を一箱に詰めた。この箱を十個～十二個積み重ね唐草模様の大風呂敷に包み、背負って運ぶのだが、一箱が二㎏として優に二十㎏を超えていたというから、重労働である。

売値は一個十円ほどで、一日に六百個仕入れて六千円、一月休みなしに働いて十八万円になったというから、結構な収入である。

「赤平駅に到着し配達先の犬島菓子店まで約二百メートル、犬島～赤間共同売店まで約一キロ、赤間～豊里共同売店まで約二キロ距離。一反風呂敷を背負って徒歩での行程は相当な重労働でしたね。しかも、赤間二区へ行く途中には傾斜のきつい長坂があり、ここを上り下りするのが特に大変でしたね」

捷男は、学校の休みの日には姉弟とともに運搬を手伝った。冬は犬ぞりに荷物を載せて運ぶため少しは楽にはなるが、それでも長坂を上るときは一苦労であった。

「豊里共同売店には、売り場に「ひろ子」というお姉さんがいて、私が品物を届けると、「ひろちゃんがやってあげるから休んでていいよ」と労ってくれるのが常であった。本当の名前は教えてもらわなかったが、今でも親切にされた記憶がよみがえってならない」

母の菓子行商の頑張りで生活は安定した。「この界隈で坂本さんの家が一番裕福ですね」とお世辞を言われたと、得意げに語る母親の顔を覗いた捷男は、誇らしくもあった。赤平高校卒業までここで過ごした。

父の死

昭和三十六年十一月、捷男十八歳の誕生日に母から黄色と紺色の厚手の靴下二足をプレゼントされた。それを見て父が「ボク、良いものを貰ったな」と羨ましがるので、「それじゃー父さんには肩を揉んであげるよ」と言って揉みはじめると、驚いたことに筋肉が細く、骨と皮ばかりの体であった。父は背丈が百八十㎝近くあり骨太で体格もがっしりとしていたので、筋肉隆々と想像していたので意外であった。父は以前から胃が悪く、薬局で重曹とセンブリという生薬を買って自分で調合して飲んでいた。胃痛に襲われて渋い顔をしながら身を屈ませていることがよくあったので、そのせいで体も痩せていたに違いなかった。しかし、父にはもう一つ、心臓の持病があった。捷男は知らなかったが、胸を病むとニトログリセリンを飲んで治めていたのだ。

翌十一月二十三日の早朝四時、母に、「ボク、早く起きて！　父さんが大変だ」と起こされた。父のところに行くと、

「薬を持ってきてくれ！　戸棚の引き出しにある」

と言われ母が探しても薬はなかった。

「父さんどこにもないよ」

と言われると、

「しまった！」と叫ぶや、「ウゥゥゥー」と唸り声をあげて息絶えてしまった。母は、急いでかかりつけの医者だった石丸先生に電話をかけた。十分ほどして先生が駆け付け、心臓に直接強心薬を注射したが、父の意識が戻ることはなかった。心筋梗塞であった。満四十九歳の短い生涯であった。捷男は、

「私の誕生日の次の日の出来事であったので、自らが四十九歳の誕生日を迎えた日には、もしかして次の日に自分も父と同じように死んでしまうのではないかと不安でならなかった」と回顧する。

自治講習所で学ぶ

坂本は、高校時代の自慢のひとつに中学の時から得意な英語があった。修学旅行中に青函連絡船の甲板で知り合った宣教師と文通を始め、先方から養子にならないかと勧められたこともあり、高校卒業後はどこかの外国語大学に行きたいと考えていた。しかし、父の死で進学は無理だと覚悟をしていた。葬儀の折に参列していた母の姉に「あんたはもう大学には行けないよ」

と念を押されたが、当然視していた。

坂本の進路を一番心配してくれたのは、担任の石郷岡行雄先生という。先生は、相撲取りみたいな体格で、大きな体を揺らしながら歩いた。遅刻に喧しい人で、ある日の教室の掃除当番の折、日誌の端に「遅刻々々と威張るな空気。ホイホイ」と落書きしたのが見つかり、「空気とは俺のことか」と大目玉を喰らったことがあった。そんな状態だったので、先生がこんなに親身になってくれるとは思っていなかった。

「英語が好きなら、北海学園大学の夜学に通って英語教師の資格を取ったらどうか。それとも、市役所に入りたいのなら、北海道立の自治講習所に行く方法もあるので受験してはどうか」と誘ってくれたのである。大学の夜間コースに行く気はなかったし、高校生の坂本には市役所がどんな所なのか知らなかったので、両方の話を聞き流していた。

十二月中旬から一月の中旬までは、高校の冬休みに入る。坂本は相変わらず就職先を探していたが、休みも終わりになる頃、高校の近くの路上で偶然にも石郷岡先生に出会った。

「坂本、自治講習所の話はどうした」と聞かれとっさに、

「願書を出してきました」と答え、その場を取繕った。

願書は市役所で受け付けていたが、坂本があわてて赤平市役所の窓口に足を運ぶと

「受付は昨日で終わりました」とのこと。

——これには参った。先生に何と説明しよう。

なぜか先生の顔が頭に浮かんだという坂本。だめを承知で頼み込んだ。

「何とかなりませんか」

「いいよ受け付けてあげるよ」

意外な返事が返ってきた。深々と頭を下げて願書を差し出した。願書には赤平市長の推薦状の添付が義務づけられていた筈なのだ。

――市役所では自分のことを知る由もないのにどんな推薦状を書いてくれたのか。まして締切日を過ぎているにも拘らず。粋な計らいをしてくれたものだ。

今もって信じられない取り計らいであったという。

「この担任との邂逅と赤平市役所の対応が、私の将来を決定付けることになった。何とも不思議な糸の導きである」

と運命の風に感謝の思いを抱いた。

難問解決人として

自治講習所では、法律専門の講義で一年を過ごしたお陰で、法の解釈と適用について非常に詳しくなり、千歳市役所に奉職してからも一目置かれる様になった。この効果は、後にいろいろなプロジェクトを手掛ける際に、坂本がやるのだから安心だ、と思わせる基礎となったという。

また、千歳市役所には千歳市長をはじめ、助役、総務部長など自治講習所のＯＢが要職を占めていたため、自治講の後輩である坂本に対して、同窓意識から温かく接してくれる傾向にあった。

坂本が千歳市役所に入ってからの仕事の多くについて、自らこう懐疑的になる。「なぜ解決不可能と思われる難題ばかりやったのかは、私も不思議でなりません」と。

昭和四十二年六月、職員課に配属された坂本は、福利厚生事業を担当することになった。最初に命じられた仕事が、千歳市の時間外勤務手当の削減である。財政課長から、人件費の十％（三千万円）を占めていた時間外勤務手当を六％（千八百万円）に削減するよう至上命令が出された。坂本は、時間外勤務を必要とする理由について、休日に仕事が発生する場合、国勢調査など一時的に業務が増加する場合、担当者が長期欠勤している場合など、五つに分類して各課に提出させ、それを査定して予算を配分した。この時の坂本のペナルティーが極め付きであった。

「担当部長に若干の財源を持たせて内部調整させ、職員課の私に断りなしに予算をオーバーさせた場合は、部長の勤勉手当を減額すると、市長名で通達したのです」

すると、翌日の退庁時、庁内の電気が一斉に消され、みんな退庁してしまった。坂本も驚いたが、時間外予算は指示通りの六％に収まり、翌年度はさらに五％に減額し、時間外勤務予算の五十％カットに成功したのである。このシステムは形を変えて今も千歳市役所で採用されており、昭和四十二年から今日までの五十年間に坂本が作り上げたシステムで削減できた費用は、莫大なものになるに違いない。

「時間外勤務は上司の命令が条件となります。超過勤務を減らしたいのなら命令をさせなければよいのです。これは地域開発ではありませんが、私の誇りとする出来事です」と微笑む。

最初に地域開発の仕事に手を染めたのは、一九七二年の札幌オリンピックで滑降競技場となった恵庭岳麓の跡地利用計画である。千歳市は再活用を希望し「支笏湖自然の村」の整備をすることにしたのだが、直属の上司が反対したので、止むを得ず助役から直接の指示を受け、坂本は自力で計画書を策定し、環境庁や林野庁との調整に走りまわり、開村に漕ぎつけた。残念ながら、五年ほどで閉村という結果となったが、地域開発の最初の仕事であった。

昭和五十二年に坂本は、泉沢開発の相談を持ち込まれた。開発計画は市街化区域編入手続きの説明資料として、二年ほど前に千五十万円でコンサルタントに委託したものが出来上がっていたが、北海道の担当者からは、なぜ開発が必要なのか説得力がないと指摘されてしまった。改めてコンサルタントに相談すると更に四千万円必要という。そんな費用は予想もしていなかった。困惑する助役を見て、自力でやってみようということになり、坂本が全体のシナリオを作成、都市計画課の係長が住区構成と土地利用計画を担当し、下水道計画は建設部の課長が引き受け、「千歳市の将来と泉沢」と題した資料を作成した。費用は印刷代だけで済んだ。建設省のヒヤリングでは、「これほど説得力のある資料をよく自前で作成したものだ。今後の手本になるだろう」と絶賛してくれた。これで一段落かと思ったが、更に難題が待ち構えていた。北海道の環境部から開発行為をするには環境アセスメントが必要と指導があった。来年から着工したいがどうしたらよいかと相談すると、小樽市近郊の石狩湾新港隣接地に北海道で大規模流通団地を計画しているが、その際作成したアセスを参考にしてはどうかと、資料の提供があった。ただし、コンサルタントに委託して作成までに三年かかっているので、泉沢地域を来年開発することは不可能ではないか、と否定的な意見が出された。コンサルタントに委託すると数千万円規模の費用が必要となり、まして三年も待つ時間がなかった。泉沢地域は昭和四十五年に苫小牧東部大規模工業団地向けの住宅団地整備を目論んで十億を超える金額で土地を取得したものであるが、七年経って借入金が倍以上に膨れ上がり千歳市が財政破綻の危機に直面し、一刻も早く打開策を見出さなければならなかったからである。止むを得ず坂本は、自分で作成しようと意を決し、結局、十八万円足らずの予算で、僅か二ヶ月半でまとめ上げた。すると庁内でも高く評価され、北海道庁の担当者からはコンサルタントをやってはどうかと勧められるほどであった。坂本はこの時、何事によらずコンサルタントなんかに頼む必要はないと大きな自信を持った。

美々地域開発の際に、東京の会社が提案したサーキット場をテクノポリス計画に盛り込むことを相談され、坂本は担当課長として無理だと断ると、助役が「坂本君がそう言うのなら諦めよう」と言って引き下がるほど、坂本への信頼は厚くなっていた。

泉沢開発は、上記のとおり、基本構想の策定、環境アセスメント作成、分譲の営業活動、資金計画と、技術業務以外は一手に引き受けていたことから、地域開発に対する貴重なノウハウを身につけることになった。美々プロジェクトも大学設立も内容は違うが、実施のアプローチが似通っており、坂本が手がけると決まって、計画、実施、運営と連続して責任を負わされた。

これまでに坂本が携わった業務を見ると、地域計画のエキスパートとして大型プロジェクトを次々にこなしてきたのがよく分かる。この中には、時間外手当の五十％削減や、環境アセスメントの超短期間自力策定などMISSION IMPOSSIBLEとも称せるハードな業務が多く含まれており、特に、後述する大学設立に至っては、人口十万にも満たない小都市にとって奇跡的出来事と評されたのである。

・時間外勤務手当五十％削減ルール化（S四十二）
・札幌オリンピック滑降コース跡地再利用計画策定・少年自然の村開設（S四十七）
・泉沢地域八百三十ha開発（計画策定、環境アセス作成、販売、借入金返済）（S五十二～S五十七）
・千歳空港～JR南千歳間　動く歩道計画策定（S五十九）
・道央テクノポリス計画策定・地域指定（S六十二～H元）
・新千歳空港周辺整備推進協議会・エアロポリス計画策定（H三～H四）
・地域中核都市整備及び産業業務機能再配置計画策定（H四～H五）
・オフィスアルカディア計画策定・造成（H五）

・千歳美々地区二百五十ha開発（計画策定・第三セクター設立）（H五〜H六）
・千歳科学技術大学設立（準備財団設立、寄付行為、学校法人設立）（H六〜H十）
・ホトニクスワールドコンソーシアム（PWC）設立（H九）
・フォトニックサイエンステクノロジ㈱（PSTI）設立（H十二）
・光ビジネス技術交流組織PST-net設立（H十三）

背景を探れば、千歳市役所の中に坂本のような経験者が皆無なため、新しい事業に出くわすと、プロジェクト請負人にされた。坂本自身も自信を持って対応することになるが、その心情をこう語る。

「いつしか私は、コンガラカッてどう仕様もなくなった事業を解決することに、非常な興味を持つようになり、悪戦苦闘している中に必ずと言ってよいほど解決策が閃き、協力者が現れるのです」

特に日立製作所の今村陽一からの評価はずば抜けて高かったという。

大学の誘致

千歳市は、これまでに明治大学や上智大学の誘致を試みたが実現しなかった苦い経験をしていた。そんな中、昭和六十年頃に、東京理科大学に関する情報提供があった。当時の東峰元次市長に秘書課長の坂本が同行して理事長と面会し、理事長から「理科大は応用数学を学問の柱としているが、千歳で希望があれば提案してほしい」との発言があり、誘致成功に大きな期待を寄せていた。二年後に東峰市長から梅沢健三市長に代わると、坂本が高等教育機関誘致の担当となり、大学側と鋭意交渉を重ねたが、資金提供のハードルが高過ぎて、断念せざるを得なかった。

すると、今度は千歳市第三工業団地に立地する会社の社長から芝浦工業大学での学部新設の話が持ち込まれた。坂本が大学本部の総務部長に面会し誘致を願い出たが、同大学は、既存キャンパスのある大宮市を建設地として決定した。

さらには、昭和六十三年に千歳に進出した専門学校の日本航空学園が立地していたので、大学を誘致するのも専門学校を大学に昇格させるのも大学立地には変わりがないと考え、当時の古屋憲六校長に提案したが、条件が整わずこれも断念する結果となった。

ここへ来て坂本は、大学誘致がいかに困難なものかをつくづくと思い知らされた。千歳市は、昭和三十八年に制定された新産業都市建設促進法に基づく整備促進地域の中に組み込まれて以来、積極的に企業誘致活動を展開した結果、日本を代表する企業が林立することとなり、全国的に垂涎の的となった。勿論、ここに至るまでに多くの困難が横たわっていた。安価に提供できる用地の造成、税制上の優遇措置、労働力の確保、立地後のアフターフォローなど他都市に劣らない魅力を並べ立てても、企業はなかなか進出しようとしなかった。これを担当職員の必死の努力で乗り切ってきたのである。

一方、同じ誘致でも大学誘致の場合は、更に多くの壁が立ち塞がっていた。最大の課題は、対象となる大学の数が企業誘致と比較し圧倒的に少ないことであった。加えて、破格の財政負担を強いられるのが通例であった。人口十万人に満たない地方都市にとってリスクが多すぎるのである。このため、坂本は一時、大学誘致を諦めかけていた。ところが、その後大学誘致は思いもかけない方向に動き始めた。

スチュワーデス訓練施設の誘致

平成二年、スチュワーデス（客室乗務員）の訓練施設の誘致を思い立ち、日本航空学園の古屋憲六校長に相談を持ちかけた。古屋先生は、かつてトーメンという商社の航空機部長をしておられ、航空会社との繋がりが深い人であった。古屋先生からは、
「スチュワーデスの養成は各社とも東京で行っているため、北海道に拠点を変更することは、社員の勤務地の変更という点からもなかなか困難と思う」
との意見を伺っていたが、とりあえず、新千歳空港内にある日本航空と全日本空輸の担当課長に面会して可能性を打診すると、古屋先生の意見通りの回答であった。

やはりだめか、と諦めかけていた時、古屋先生から、商社のトーメン時代に親しくしていた日本エアシステム（ＪＡＳ）にスチュワーデス養成所の話をしたところ、話を聞きたいと言っている、という連絡が入った。

平成二年三月末、二人で東京本社を訪問し、担当専務、企画部長、企画課長と面会した。企画部長から、折角の提案なので千歳立地を検討したいという回答があった。

この話を受け、坂本は、ＪＡＳだけの施設ならそれ程大きな面積を要しないと考え、泉

沢向陽台の住宅地と工業団地の間にあるビジネスパークへ案内した。「この地域は約七haあります。狭ければ、向側にある三十haの大学用地の一部を使うこともできます」と柔軟に対応する姿勢を説明した。暫くして、ＪＡＳの企画課長から連絡があり、「現地を視察させていただいたが、敷地が広すぎてスチュワーデスの養成所だけでは手に余るということなので、もし希望するなら、ＪＡＳが属する東急グループに武蔵工業大学があるので紹介したいがどうか」

耳を疑う内容であった。断るわけがない。

「武蔵工業大学」（現・東京都市大学）の誘致

同年七月、古屋先生と一緒に渋谷の道玄坂にある学校法人五島育英会を訪問した。事務局長に面会し、

「是非千歳市に進出願いたい。千歳市としてできるだけの支援をする考えである」

旨を伝え、千歳市の土地利用計画を説明した。局長からは、折角の申し出なのでよく検

討したいとの回答であった。

八月、早速、関係者一行が千歳市の現地を視察に訪れた。市役所の庁議室で千歳市の概況説明と意見交換をした折、同行した武蔵工業大学の教授から、「千歳市はなぜ、大学を誘致したいのか」と質問された。

「千歳市は、テクノポリスに指定され高度技術工業の集積を目指している。その実現には、学術研究の中心である工業系大学の存在が不可欠なのです」

すると、同教授は、

「私もそうではないかと推測していた。何とか実現に向けて努力したい」

と前向きな発言があり、これでうまくいくと胸をなで下ろした。

この後、五島育英会はプロジェクトチームを立ち上げ、平成二年十一月から平成六年五月に亘り、千歳立地の検討が進められる事になった。

この間の平成三年四月、千歳市長が梅沢健三氏から東川孝氏へ交代となっていた。平成三年七月、可能性調査レポートが出来上がり、事務局長から次の通り説明があった。
①プロジェクト委員の中では、やるべきという意見と北海道では無理という意見がある。

②千歳でやる場合、既存学部を移すとなると教授会の強い反発が予想されるため、新たなものは、現在の学部とは関係のないという形を採らざるを得ない。
③新たな学部を設ける場合、どのようなものが良いか問題になる。学校運営の面から言うと、一学年最低でも五百人は必要で、全体で二千人規模が要求されるが、学生募集と教授の確保が大変である。
④新設大学の設置費用は百~百五十億円が必要で、千歳市で校舎の建設費でも出していただければ話は早いのだが、その調達をどうするかを検討しなければならない。
⑤千歳市長さんが来られた時に育英会から条件を出してほしいと言われたので検討しているが、財政面の他に産業との連携等についても協力いただく事になろう。
⑥今後の作業は、千歳立地の場合の方法論と条件設定、千歳市への支援事項の整理が中心となるが、決定にかなり時間がかかる。

想定していた以上に厳しい内容の報告であった。

翌平成四年二月、千歳市の要望に対して、五島育英会から待ちに待った回答が届いた。

「折角の貴市のご要望でありますので、大学の新設について検討させていただきますが、位置は、美々地区を候補地とさせていただきます」

これまで大学予定地は泉沢向陽台住宅地と説明し、美々地区の話は空港周辺の土地利用の中で触れただけであったので、この申し出は思いもよらないことであった。学生募集の場合には札幌の高校生が中心になるため、入学して学校に通うには市街地から十㎞以上離れた泉沢よりJR南千歳駅に近い美々地区の方が有利との理由であった。

ここにきて、偶然にもゴルフ場に代わる美々地区の具体的な利用案が浮上したのである。しかも、宿願の大学の誘致の課題が解決できるとあって、大歓迎であった。議会には、名前は公表できないが、東京に本部を置く理工系の大学と大学誘致について協議中である旨を説明した。この年の四月、新千歳空港周辺地域で展開される大型プロジェクトを所管する地域計画部が誕生し、坂本は部次長に就任した。

ところが、その後何度となく協議を続け平成五年七月、坂本と助役とで五島育英会を訪問すると、事務局長から、どんでん返しの回答が告げられた。

「これまで千歳の大学新設について鋭意検討してきたが、バブルが弾けたため資金の目途がつかなくなった。残念ながら千歳進出は断念せざるを得なくなったので、理解してほしい」

坂本にとっては寝耳に水の話であったが、相手があっての誘致計画である。これで武蔵工業大学誘致は事実上の幕を下ろすこととなった。

しかし、坂本は諦めなかった。「それでは、費用はこちらで何とか工面しますから、大学設立に協力してくれますか」とたずねると、「そんなことができるのですか」と疑問顔であった。育英会からの帰り道、助役も「断られてしまったな」と肩をおとしていたので、「分かりませんよ。帰って相談すれば何とかなるかもしれません」と気を強くして答えた。市役所に戻り、東川市長に経過を報告すると、「せっかくここまで来たのだから、設立でいこう」との方針が示された。これを受けて坂本は、千歳市議会の各会派の代表者と面会し、設立についての意向を打診すると、意外にも「是非やるべきだ」との意見であった。後日開催の市議会議員協議会では、共産党を除く全会派の議員が出席し、自民党会派の議員から「費用はどの位かかるのか」と質問があり、坂本が「造成費で三十億円程度、施設整備を含めると百億円位になる」と説明すると「百億円が百五十億円になっても進めるべきだ」と前向きな意見があり、ここで、大学設立に対する事実上のGOサインが出されたのである。

ＧＯサインは出たものの、大学構想は、再び白紙に戻った。何せ誘致から設立への大転換である。もう一度原点に戻り、スタートからのやり直しだった。大学立地は千歳市最大の懸案事項でもあり、なんとしても実現したかった。そして、学部には、新千歳空港を抱える環境を考慮して、航空工学を選択しようとの考えを持っていた。

大学推進本部の設置

大学設立の方向が決まると、坂本の上司である佐々木勝利地域計画部長が「坂本さん、こういう大きなプロジェクトは勢いが大切なので、すぐに推進組織を立ち上げよう」と提案してきた。この部長の迅速な決断が今後の大きな推進力となった。これを受けて、平成六年四月、小松助役を本部長とする、大学設立推進本部が立ちあがった。副本部長に佐々木部長、部次長の坂本が大学整備室長、その下に五人の職員を配属した。全員が地域計画部員と兼務の臨時的組織である。この他に、日本航空学園校長を辞していた古屋憲六先生を大学推進室長にお願いして、航空工学部の学科編制、実業界との橋渡し、更に武蔵工業大学との調整役をお願いした。この時点ではまだ、武蔵工大との絆が残っており、議会には「(仮)北海道武蔵工業大学」と説明していたからである。古屋先生は既に八十歳近い高齢であったが、必要な人材の確保に年齢は関係なかった。これが坂本流のやり方である。そして、次の学部構成で叩き台となる「(仮)北海道武蔵工業大学設置構想」を作り上げた。

- 航空工学部
  - 航空システム学科
  - 電子光学科 or 物質光学科
- 地域政策学部
  - 地域開発学科
  - 創造開発学科
  - 国際産業経営学科

地域政策学部を入れたのは、五島育英会から、理系の学部だけでは経営が大変なので、マスプロ教育が可能な文系を加えるべきだとの助言を受けてのもので、坂本が自分の経験をもとにプランを纏めたものである。
なお、大学設立推進本部は、翌年六月に独立組織となり、坂本が副本部長に就任した。

第3章

「光」の架け橋

「光は面白い」

文部省は大学設置を原則的に抑制する方針を打ち出していたが、看護、医療技術、先端科学技術の分野における特別な人材育成の場合は例外扱いとしていた。千歳市の場合、医療や看護には縁がないため先端科学技術以外に選択肢がなかった。

ただ、先端技術として何を選択すればよいか分からなかったが、空港機能と結びつく航空工学を選択しようと考えたのである。

坂本は、この構想案を持って、長谷川盛一企画課長と川端忠則総務課主査を文部省に派遣した。その時の文部省の意見について川端主査から報告書が提出された。

①航空は目新しい学部ではない。抑制の例外規定に該当しない。
②電子光学科は目新しい学科ではない。抑制の例外規定に該当しない。
③光は目新しい学科であるが、市の素案では既存のものと変わりがない。
④地域開発学科は抑制の例外規定に該当しない。
⑤創造開発学科は抑制の例外規定に該当しない。
⑥国際産業経営学科は抑制の例外規定に該当しない。

坂本にとって、航空以外の学科が例外規定に該当しないことは分かっていたが、航空工学部が該当しないという理由がよく分からなかった。そして、なによりも驚いたのは、光が目新しい、という反応であった。構想案で示した電子光学科はコンピュータソフト技術を想定したもので、光技術そのものを扱うことではなかったのだ。

「本当にそう言ったのか」

坂本は川端主査に念を押した。

「予定した学部学科は全部だめだと言うので、休憩時間の雑談の中で、古屋先生から光について説明されたことを思い出し、光技術はどうでしょうかと質問すると、『光は面白いんだよなー』、そう言ってました」

川端主査の話に、坂本はやったとばかりほくそ笑んだ。

――これだ、これこそ千歳が設置したい方向への光明だ。

と思った。大学新設の道筋がパッと見えた瞬間であった。

光の大学はどうやってできたのかとよく聞かれるのだが、坂本にとって、第一の功労者は、文部省訪問時の感想を報告してくれた川端主査であると言う。さりとて光技術をカリキュラムに仕立て上げるにはどうしたらいいのか。武蔵工業大学の協力を得たいが、同大では光技術を担当する学部学科がなく、無理な相談であった。ここで、武蔵工大との関係は断念することになり、「北海道武蔵工業大学」の看板も後に「千歳科学技術大学」に掛け替えられることになるのである。

坂本は、千歳市に進出している松下電器と日立製作所に相談してみることにした。両社とも千人規模の従業員を抱えた企業誘致の代表的な企業であり、光技術の製品も扱う大手である。この二社のどちらかに協力してもらえれば、光をテーマとする大学の端緒を見つけられるかもしれないとの、妙に確信に満ちた矛先を示したのである。しかも、両社ともマルチメディア情報センター設立に関わった企業であることも心強く思えた。早速、松下電器北海道支社営業部長に協力を打診すると、オフィスアルカディアの第三セクター設立の際に出資しているので、これ以上は無理との回答であった。まずは一落ちである。

次に、日立製作所北海道支社の松浦部長に連絡すると、内部で検討させて下さいとのことであった。それから半月ほど経って連絡があった。

「日立の中で大学の設立に関係した経験者が一人だけ見つかりました。その者でよければ紹介したいのですが」

平成六年五月九日のことであった。

「それはありがたい、協力していただけるならどなたでもよいです。是非お願いします」

この連絡が、この先の大学設立の牽引者に結びついたことを考えると、第二の功労者は、日立の松浦部長となる。

佐々木敬介教授

平成六年五月二十日、日立の松浦部長が、坂本の元へ本社の経験者を連れて来た。名刺に日立製作所施設営業本部施設第二部部長代理今村陽一とあった。

「松浦部長から話を聞きましたが、まずは大学を設立する目的や大学の概要をどうお考えなのか、お聞かせいただけますか」

長身で颯爽とした今村の歯切れのいい言葉がテンポよく響く。坂本は、日立製作所という日本を代表する企業の部長代理という立場の人物にも臆することなく、武蔵工大を誘致する経緯や航空工学を軸に学部を構成することなど、これまでに取り組んできた歩みを簡潔に、しかも情熱を捧げてきたことも展開した。

坂本の説明に耳を傾けながら、今村陽一の脳裏に浮かんだのは、自らの大学設立経験からして、これでは文部省の設立認可が通らないだろうなとの思いであった。坂本は締め括りこう結んだ。

「今は、大学設置のキーワードに光技術を考えているのですが、カリキュラムを作成する専門家がいないので困っています。日立さんは研究所も沢山お持ちのようですから、なんとかご協力いただけませんか」

今村は、まず前提となる提案として、

「将来性のある光科学の研究と教育の学部であること、地域貢献のために産業誘致力、ベンチャー企業設立効果がある新たな大学の新設構想というのが、文科省を説得するには必要な条件となりますよ」

坂本にとっても願ってもない提案であり、大きく頷いた。

「この方向での大学新設に取り組まれるという事でしたら、是非協力させていただきます」

今村は検討を約束した。坂本も今村とは初対面であったが、確固たる方向を指し示してくれたことに期待を抱いた。


今村は、東京へ戻ると早速母校の慶應義塾大学を訪れて佐々木教授に話を持ちかけた。もちろんまだ影も形も見えていない段階であったが、坂本が描く千歳の大学新設が「光技術」を念頭に置いての構想であるため、佐々木先生が自由に設計できる光専門の大学を、新千歳空港隣の広大な敷地に百億円以上の資金で創りたいのですが、いかがでしょうかと真顔で説いた。今村の詐欺話と言われても仕方のない絵空事なのに、佐々木教授は、話が進むたびに目の輝きが変わってきた。素直に受け入れてくれたのである。

「今村君、いい話じゃないか。光専門大学なんて素晴らしい、設計準備はできている、仲間もいるから、その話に乗ろうじゃないか」

佐々木教授のいつもの高い声が、この時ばかりはより一層甲高く今村の耳に届いた。目の輝きも際立って見えた。

運命の三銃士

数日が経ち坂本のもとへ今村から電話が入った。

「私は慶應大学出身ですが、私の恩師に佐々木敬介という光技術の国際的な権威者がおります。その先生が是非会って話を伺いたいと仰っておりますので、直接お会いされませんか」

坂本は耳を疑った。いきなり光科学の国際的権威者を紹介するというのだ。しかも「光大学」の話にまで乗り気だという。話が具体的に進むなどとは夢にも描いていなかっただけに、今村の手際の良さと素早い動きに驚かされた。善は急げとばかり、坂本も敏速に動いた。

六月三日、東京に飛んだ坂本は、日立製作所の今村の案内で横浜市の日吉駅前にある慶應大学理工学部のキャンパスを訪問した。電気工学科の佐々木敬介教授の研究室に連れられていった。狭い室内で佐々木教授がにこやかに迎えてくれた。

先ずは千歳市の方針を直截に述べた。

「千歳市はテクノポリス構想やエアロポリス構想が求めている、国際的に評価される大学を創りたいのですが、ご協力願えませんでしょうか」

坂本はストレートに切り込んだ。これまでの大学誘致構想の経緯から、新千歳空港に隣接した立地、千歳市としての大学設立の支援など、誠実に千歳市の考えを述べた。一方の佐々木教授も、ネクタイを緩め、ワイシャツを腕まくりしたまま、笑顔で持論の光技術の話からこれまでの研究の流れや将来的な取り組みやビジョンについて、まるで大学の講義のように熱の入った話を披露した。エアコンが利いてないような蒸し暑さであった。坂本は大学の研究室を案内され、光科学の研究最前線の説明も受けたのである。相互に課題となる事案や希望事項を詰めながら、解決できる範囲内での妥協点を見つけだし、やがて協力し合える接点に辿り着いた。「私達であれば出来ますよ」

佐々木教授は笑顔で応えてくれた。坂本はほっとした、というより拍子抜けしたのである。佐々木教授はひと言で結論を出されたのである。

慶應義塾大学を訪ねるにあたり、卒業生でもある今村陽一から、佐々木敬介教授の経歴や研究実績について大まかに聞かされていた。

佐々木教授は、昭和十一年七月函館市生まれで、同三十五年に慶應義塾大学工学部電気工学科を卒業後、大学に残り同三十九年に工学部助手となり、五年後に大学院工学科博士取得。今村の佐々木教授との出会いは、三年生の電磁気学の講義であった。まだ三十代後半の佐々木教授は長髪に紺のブレザーが似合う若き専任講師であったという。「難しい講義の内容もイメージ化して分かりやすく教えてくれました」。趣味は野球で工学部野球部の投手として活躍するスポーツマン。研究室を訪ねた学生の今村に「知識がなくても興味があるならいらっしゃい」と優しく声をかけてくれた。

佐々木先生に出世欲などなく、自分の研究活動ができることに感謝していた。ある時、佐々木研究室を中傷する同期の教授がおり、今村が「同期は教授で佐々木先生は未だ助教授でしたので不満はありませんか、中傷されて悔しくありませんか」と聞いたところ、大学から研究費を貰い研究活動ができていること、将来は注目される研究成果が出ることを確信しており、教授であるかどうかは気にしていないと言い、逆に今村の方が悔しかったという。

今村は研究一本やりの佐々木教授の泰然たる姿にジレンマすら感じたと言うが、佐々木教授の信念に添って貫く研究者魂は見事である。

佐々木が工学部電気工学科教授に昇進したのは、昭和六十一年四月。助手時代が二十二年間というから今村の悔しさも理解できそうだ。また、退職後は日吉の空き地に小さな研究室をつくりここで研究活動を続けるのが夢と言っていたというから、私心も功名心もない根っからの研究者なのだろう。妻の紀美子は御茶ノ水女子大の物理学科出身という才媛で、よく教えてもらったとは佐々木教授からの仄聞という。しかし、教授に昇任し研究成果が世界に認められるようになり、自信に満ちた佐々木敬介の姿も見ていた。

有機非線形デバイスの研究開発で世界的に評価をされており、慶應大学をはじめ、理化学研究所、東京農工大学、東北大学、大阪大学、東京大学、筑波大学など国内の名だたる大学のみならず、アリゾナ大学や、カリフォルニア大学などの研究者とともに、斯界のリーダーの一人であったことから、これらの人脈の協力が得られれば実現できるという、確たる自信があっての発言であった。後述するが、これら研究機関のリーダーたちが、佐々木教授の要請に対して、陰にも陽にも積極的な協力を惜しむことはなかったことがその証明である。

　佐々木教授は初対面の坂本に対して、気さくに自らの光技術研究について話してくれた。

「私は今、光を取り入れてマルチメディアの情報処理を研究しています。光ファイバをキーデバイスとしているのです。現在はグラスファイバを用いているが、将来はプラスチックファイバになるでしょう。光技術の学問となると、電子工学だけでは済まないですね。化学、物理、電気の全体を見通すことが重要です。以前に慶應大学で学部学科の再編の話があった折に、私から化学、物理、電子工学を融合した学科を提案したことがあるのですが、残念ながら採用されませんでした。その時の案で良ければ活用しても構いませんよ。今村君、君も良い時に訪ねてくれたね。大学の設置について私で良ければ喜んで協力しますよ」

　今村にも笑顔で感謝の言葉を投げかけた。

「佐々木先生、是非、先生の提案で大学を創りたいのです。ご協力のほどよろしくお願い申し上げます」

佐々木教授の案は、融合理工学部に物質光科学科と電子光システム工学科である。坂本はこれで方針が固まったと確信を持った。今村にも頭を下げた。

「今村さんにも、全面的なご協力をいただけませんか」

「日立としてはもちろんのこと、佐々木先生ともども個人的にも協力させてもらいます」

坂本は佐々木教授と握手を交わし、今村とも交わしたところ、

「三人一緒ですよ」

佐々木教授が坂本の手を取り今村と共に三人で力強く手を握り合った。

千歳市・日立製作所・慶應大学の三者体制による大学プロジェクトの推進軸が決定した瞬間であった。坂本はこの六月三日が、大学新設の記念日だと心に決めた。

後年、千歳科学技術大学の開校記念日を設定するに当たり、佐々木先生と邂逅したこの平成六年六月三日を記念し、六月六日に語呂合わせして定めていた。

今村は佐々木教授が一度で決断した背景について、こう分析する。

「佐々木先生は、以前から小さな研究所を建てて一生涯光科学の研究活動を続けていくと話をされていました。そのために慶應大学だけではなく、理化学研究所の研究員も兼務して世界的な人脈構築や資金獲得をしてきていました。この自分の夢を実現できる好機会が

提供されたので大変喜んで活躍してくれました。また、北海道函館市の出身でしたので、地元に貢献できることも引き受けてくれた理由だと思います」

暗黙の信頼

ただ、慶應大学の場合は、組織としての協力ではなく、佐々木教授の研究活動としての協力という形をとることにした。これは、組織としての意思決定を求めた場合、大学内部の理解を得るのに相当の時間を要するであろうことと、既存組織の枠にとらわれず、理想と考えることを柔軟に取り入れていくためには、キーパーソンが自由に行動できる実質的な体制の方がよいという考えが、佐々木教授、今村陽一との詰めを行っての取り決めであった。

事実、この年の十月に、坂本は今村の案内で小松助役と一緒に、慶應義塾大学本部を訪れ、担当常任理事に面会し、慶應義塾大学名の分校について協力要請したが、「慶應大の卒業生が設立した大学が沢山あり、東京、大阪、徳島の三田会の各支部で慶應大の分校にしてほしいと要望していることもあって、千歳の大学に慶應義塾の名前を冠することは難しい」

と断られた。

この考えは、日立製作所も同様であり、会社として表立った機関決定はしないが、今村の行動を会社全体で支えていこうという姿勢であった。従って、千歳市と日立製作所・慶應大学の間で大学設立に関する覚書や契約書等が取り交わされることはなかった。

今村の積極的な支援の背景について、今村自身はこう回顧していた。

「まずは、千歳市の好立地（広大な敷地、国際空港の隣、貿易港へのアクセスの良さによる産業振興最適地）に、壮大な計画を描ける楽しさ。次に、千歳市の坂本さん自ら活動を推進する姿勢と役人とは思えない度量の大きさ。佐々木先生に夢の研究・教育環境の提供。日立グループへの各種ビジネス貢献でした」と自らの営業活動の一環として活動していた。その後の事業企画部門への異動やインドへの転勤に際しても変わらずプロジェクト支援を続けていく活動源は、前記の目的あってのことであろう。

一方の坂本も、回顧する度に頭を傾げる。

「組織決定されたわけでもないのに、今村と佐々木教授がそれぞれの組織をフル活用しても組織内で異論が出たという話は聞かなかったし、千歳市としても、端的に言えば今村陽一氏と佐々木敬介氏の個人的な協力であるにもかかわらず、なんら不安や疑念も抱かずに百億円の巨大プロジェクトを押し進めたということが不思議でならない」

坂本にとってはいまだに不思議でならない点でもあった。こうも振り返る。

「日立製作所と慶應大学では、個人がやっていることだからと特別なブレーキを掛けなかったとも思われるが、問題は千歳市である。なぜ何の保証もなく、組織内の一次長に過ぎない者の話に市の年間予算の三分の一にもなる費用を注ぎ込もうとしたのか。もちろん、日立製作所と慶應大学には、市長も助役も佐々木部長も挨拶や打ち合わせに出席してはいたが、今もって信じられないのである。それでなくても私は、美々牧野のゴルフ場開発で東川市長から疎まれる存在であったため、信頼されていたというのは甚だ疑問である。結果的には、大願成就となったので問題なかったが、われながらいまだ疑問が解けないのである」と。

それぞれの歩み

明文化してはいないものの、それぞれが自分の役割を自分で考え、互いに補完をし合うという流れが、必然的に出来上がっていった。

千歳市職員の立場ながら、今村の目に映る坂本捷男は、役人のワクで物事を判断するようなレベルではなく、民間大手とも対等に渡り合える度胸と論理性、愛と情熱を兼ね備えた〝スーパー公務員〟そのものであった。

日立製作所今村陽一の闘い

その今村にして、日立製作所という巨大企業の一社員ながら、社内組織を横断する人脈を備え、ベンチャー的事業開発に積極果敢に取り組み、合理的な折衝と論理展開で、社の上下を問わず多くの信望を集めていた。

今村が、坂本の大学新設とホトニクスバレープロジェクトの実現を心に描いて情熱を注ぐ背景には、日立の営業を通して完結させた東京の拓殖大学工学部新設を三十億円で請けた事業があった。今村が血の気の多い三十歳の折の仕事であった。大学の新設学部をまるまる創るという事業は社内でも問題になったという。副社長とのやり取りの中で、今村は明快に仕事の本筋を説いている。

「なんで三十億円もの工学部設立事業を請けるのだ、日立でやるべき仕事か」

「これは日立がやるべき仕事です」

「どうしてだ」と言うから、「日立は顧客ニーズに対応するソリューションビジネスを展開しています。これと同じです。工学部設立は決められた機器を調達する行為ではなく、正に今後日立が目指すソリューション事業です」

「工学部の目的は何か」

「これから社会で必要なエンジニアを教育するという目的です。日立は毎年電気、機械、情報等専攻の学生を採用しています。われわれは採用する側から、どういう知識やスキルを持った学生が必要か分かります。分かるということは、どういう教育をすべきか助言できます。そこで学生育成に最適且つ必要な教育環境を想定して日立がシステムや機器を提供することがわれわれの使命であり、新たな大学向けのソリューションビジネスと考えます」

「できるのか」と言うから、

「できます」

「どうしてできるのだ」と聞かれて、「ぼくができると判断したからです」

「面白いこと言うね。組織はあるのか」

「ありません、いまから作ります」と答えた。

結果は、日立発祥の日立工場と対応組織を立ち上げ、今村は見事に拓殖大学工学部の新設を六年かけて完成させていた。受注の発端には拓殖大学総長と日立製作所創業者との姻戚関係から、社長室に話が持ち込まれ、こんな仕事があるけれどと今村に紹介する上司がいて、面白いからやってみようとなったという。

ただし、校舎の建設と大学を創ることとは全く違い、想定外のトラブルに出合うことが予想されたが、やると言った以上は完遂するという豪胆さを持ち合わせていた。

「協力してくれた日立工場長の金井・副工場長の庄山はその後、共に日立の社長となっており、柔軟な思考の持ち主が多く好き勝手なことがやれました」と笑う今村だが、引き受けたからにはと、全力投球で体当たりした経験が、千歳に「光の大学」を新設する際の格好のテキストになっていた。日立の北海道支社の松浦部長が社内で経験のある人物として、今村を紹介するに至る背景に、社内における今村陽一の高い評価が裏付けとなっているようだ。

もう一つ、今村陽一の人柄を物語るエピソードが残されている。

入社に際しては特に日立で何かをしたいという希望はなかったが、「独自技術で製品開発を行う」という日立の野武士精神に感銘を受けたという個性派で、慶應大学の工学部を希望したのも、親戚友人に慶應義塾出身者が多く、親近感があったのと、横浜の自宅からの通学が楽であったからだという。ただし、少年時代からプラモデル、ラジオ作りなどが好きで、将来社会に役立つモノを作りたくてとの動機を優先していたという。

日立の新卒採用は、例年技術系、文科系併せて千名以上採っていたというが、今村が試験を受けた一九七六年（昭和五一年）は、政界を揺るがすロッキード事件のあった年だが、オイルショックの影響で採用数は戦後最低の百名であったという。

配属希望は、第一は研究所で第二は工場であったが、結果は本社の東京営業所。文系四人、技術系二人である。だが、今村にとって、モノづくりがしたくて日立に入社したのに製品を売る営業職をするために入ったつもりはないと、赴任後営業所長に人生目標と違うため退職したい旨を伝えた。こうした信念に基づく行動力は新入社員時代から発揮されていたようである。

当時の営業所長も懐の深い人物である。若い今村をしっかりと受け止めてくれた。その所長の説得が要を得ている。

「日立はどの部署でもモノづくりに取り組んでいて研究所は技術開発、工場は製品製造、営業はマーケティングの役目を担っている。営業マンは単に製品を売るのではなく市場&顧客ニーズを掴みどのような製品を開発すべきか社内に指示する重要な役目である」と。「そのためには技術系の社員が必要なのだ」所長自身も機械工学卒業であった。

今村は、自身では特に優れた専門性、得意技術を持ち合わせておらず、更に日立で作りたい製品も明確には持っていなかったので、もしかすると向いているのかもしれないと納得し、退職願は取り下げることにした。当初は主にエレベーターを取り扱う営業部門でビルオーナーの省エネ、省力ニーズに応えるべくコンピューターによるビル管理システムの開発営業に携わる。新しい活動なので特に指導してくれる上司もなく、自己流で活動する今村に隣のグループの大川部長代理が日立の組織力を活用する仕事の仕方（総務部、財務部、資材部、人事部、宣伝部等）を教えてくれた。そしてこの人が後に大学ビジネスとなる拓殖大学工学部設立の機会を与えてくれた上司となる。社内ネットワークも広がり、仕事の自由度が飛躍的に拡大した。一九九四年五月千歳市を初めて訪問し、坂本に大学新設の依頼を受けた当時は、施設営業本部部長代理の立場での活動であった。その後、営業職を卒業して二〇〇三年四十九歳の時、本社に新事業開発本部を設立し初代本部長に就任、顧客エンジニアを研究所に招き、技術交流を図るテクノロジーコミュニティーを発案した。当初は非常識と言われたが今では社会ニーズをいち早く掴み製品開発、事業開発する大切な手法として定着している。

「これにより予想もしなかった成果と経験ができた」と回顧する今村陽一。

佐々木教授と今村陽一

ところで、佐々木教授も今村陽一も、次のような共通項を持ち合わせていた。

i．プロジェクトや研究活動を遂行した多くの実績。

ii．地位・名誉・規模・伝統など既存のワクにとらわれない柔軟な思考力。

Ⅲ．目的達成のために私心を捨て大義に尽くす心構え。

ⅳ．所属する組織の横断的な行動志向。

ⅴ．所属組織外にプロジェクトの協力に理解を示す多様な人脈の保持。

上記の共通項は、プロジェクト推進の上で要求される基本的な資質を表しており、既存の制度や価値観にとらわれないフレキシブルな志向は誰しもが求める姿勢ではあるが、このワクからの脱却は難しい。立場に窮すれば窮するほど、自分を支えてきたバックボーンを誇示して難局を乗り切ろうとしたり、異質な人材に対する排他性が見られる人物の場合は、初めから心理に宿していると言えよう。

しかし、佐々木教授も今村陽一も、人口十万人に満たない一地方都市の要請に対してありがちな、慶應義塾大学教授の権威を笠に着ることはなく、先端技術の世界的権威者を鼻にかける様子もない。もちろん今村とて天下の日立だと高圧的な態度を示すようなことは、一度もなかったと坂本は言う。

その坂本捷男に対する佐々木教授や今村陽一の捉え方も、〝スーパー公務員〟ともいえる資質を持ち、狭隘な前例主義や決断力のなさなど微塵も見られなかったという。

三者による持ち分野での仕事の進め方や成果について、坂本はこう評価する。

「本物を創ろう、世界に認められるものに挑戦しようとの一念から、どのようにすることがベストなのかを判断していた。また、私心を出さないことに関しては更に徹底していて、地位とか、営業実績とか、昇給とか、研究費の確保などといった私的感情は総て切り落とされ、文字通り、献身的な協力であった。事実、千歳市の財政事情を配慮されてか、回を重ねた検討会議でのノウハウ提供は無報酬で、旅費すらも自費負担で千歳の会議に臨まれるという熱の入れようであった。後に、なぜそうまでして協力したのかを尋ねると、坂本さんの熱意と夢の実現に共鳴したと言われました」

ホトニクスバレー構想と三銃士

千歳市・坂本捷男

プロジェクトの推進母体、行政内部のコンセンサス、基本構想・基本計画とりまとめ、議会対応、予算確保、文部省との調整、諸規程の整備、校舎・キャンパスの整備。

慶應義塾大学・佐々木教授

学部設置のコンセプト構成、学部学科構成、カリキュラム作成、学則、教員確保、研究計画、内外の学術組織の支援、研究機器類の選定、研究費確保。

日立製作所・今村陽一

産学官の連携、企業の支援、内外の先進事例調査、大学運営の在り方、学生募集の在り方、社会的ニーズの把握、大学ＰＲの在り方。

こんなエピソードもあった。ある日、後に話題となるホトニクスバレーの講演を依頼された坂本は、ＯＨＰで説明用の挿絵を作っていた時、今村が訪れて、「何をしているのですか」と尋ねるので、「新千歳空港周辺のプロジェクトが沢山あるので、その中心にホトニクスバレーを入れて、全部の事業をモーツァルトの交響曲四十番の楽譜で囲っている絵を作っているんです」と説明するとしきりに感心していた。楽譜も札幌の楽器店で購入したものだった。坂本はただ、手を抜かないで自分の納得するようにしたかっただけだったが、今村はリーダー自らが考え創意工夫をしながら楽しんでいる姿を見て、協力しようという気になったという。今村の視点の鋭さも群を抜いている。

プロジェクト・リーダーには、組織の横断的な調整能力が不可欠である。同じ組織内であってもプロジェクトの内容によっては色々な部署との協議が必要となるが、担当者には、組織内の事柄に全責任をもって解決できるだけの技量が求められる。自分の属する部署だけしか調整できない人物は、責任と権限と信頼を与えられないのである。私の権限ではない、上司に確認しなければならない、話は分かるが私の一存ではどうも、今までの組織の慣例を破ることになる、予算がつかない等、できない理由を並べ立てて反論する。死にもの狂いで物事に挑戦する気概が欠如している者には、本物を生み出す力が備わらないのである。

そして、これらの資質と前記の柔軟な組織協力の在り方、さらに、所属組織における担当の責任感と絶対的な信頼関係が、このプロジェクトにとって最強の力となり、成功へと導く原点となっていたのである。

第4章 慶應義塾大学と日立製作所

恩師と教え子

今村陽一は、大学時代の恩師でもある佐々木敬介教授、在学当時はまだ専任講師であったが、人柄の一端をこう語る。

「佐々木先生の口調はゆったりとしていて、決して短気になり怒ることはありませんでした。悩んだ時も『困っちゃったよ』とかのんびり言うので大したことないのかなと思ってしまうことが多々ありました。とにかく明るい先生でした」

今村が慶應大学時代の恩師佐々木敬介教授と、卒業後頻繁に接触するようになったのは、自身三十五歳の折であったという。大学時代の友人らと久しぶりに再会し、テニスに興じている時であった。運動には自信のあった今村だが、走り込み不足のためか時折足のもつれを感じながらラケットを握っていた。年齢的にも自信があった。相手サーブの球を左足で蹴り打ち込んだ時、ボンという鈍い音を耳にし、左足に激痛が走り、重心を崩し倒れ込んでしまった。今村の異変に仲間たちが駆け寄ると、

「アキレス腱をやってしまったようだ」

すぐに妻の悦子に連絡し迎えに来てもらい、悦子の父が開業する太田整形外科病院に連れて行ってもらった。左アキレス腱断裂だった。身内の治療はできないとのことで、県立厚木病院で手術を受け、リハビリも含めて一ヶ月ほどの入院を余儀なくされた。

その折に、慶應義塾大学本部から機関誌『三田評論』に簡単な原稿の依頼があった。仕事から解放された一時の頭休めにとの思いで引き受けた今村は、迷うことなくかつての恩師佐々木敬介教授の大学での姿勢を、創始者福沢諭吉に擬えて筆を執ったのである。

恩師に見た福沢魂

今村陽一（日立製作所・昭五一工）

塾を卒業してから十二年の歳月が過ぎた。最近は時の流れが日増しに早くなってきたような錯覚に陥る。しかしこの間、社会環境は大きく変貌を遂げ、情報・サービス産業の急成長、輸出から輸入指向への転換、教育面での学際化・個性化教育の推進等、価値観も変わりつつある。従って長期的な視点での進むべき方向が甚だ不明確であり、まるで海図なき航海である。

私が学生時代ご指導いただき、今でも時々お邪魔する佐々木敬介教授はこのような変化の中でも、自分の考えに沿って一途に研究活動をされ、現在は理化学研究所の研究員も兼ね、世界の第一線でご活躍中である。

この恩師の生き方に接し、私もこれから努力して、先生と同じ年齢になったときには社会変化や周囲の環境に翻弄されない信念を貫き通した、自信ある人で在りたいと思う。

「人間万事天運に在り……詰まるところ他人の熱に依らぬというのが私の本願」とおっしゃる福沢先生の声が聞こえる気がする。

（『三田評論』昭和六三年六月刊）

今村にとっては、恩師の魅力の原点として福沢翁に被せた詳論を展開したつもりであった。

今村はこう振り返る。

「内容は私自身福沢先生にお会いしたこともありませんが、慶應で福沢先生の思い、考えを、佐々木先生を通して感じることができたという内容です。発刊されたとき佐々木先生から電話があり、『私はそんなに立派でないよ、読んだ人からすごいですね！　と言われて恥ずかしいよ』と言ってましたが、私はそう思っているのだから良いではないですかと押し切りました」

佐々木教授の恐縮する会話を披露するが、今村のストレートな思いは十分伝わっており、これをきっかけに佐々木教授との交流が再開し、千歳科学技術大学の開学に乗り出す機会へと繋がっていくことになったという。恩師と教え子の深い絆が培われたエピソードでもあった。

「ホトニクスバレー」構想

平成六年九月六日、推進コアとなった千歳市・慶應義塾大学・日立製作所の関係者が日立製作所大森別館に集まり、日立山王倶楽部で懇親会を実施した。議題は、大学のビジョンや将来構想、教育研究部門人事計画、入学試験関係、施設設備である。シナリオは、既に今村が作成しており、その段取りの速さ、手際の良さに、坂本は驚かされた。

三田での佐々木教授との打ち合わせを終えて、坂本と上司の佐々木副本部長と今村の三人で、ＪＲ田町駅横の居酒屋で歓談しているとき、

「光技術の国際拠点を作るのなら、アメリカのシリコンバレーに倣ってOPTICAL VALLEYを作ろうではないか」

という話になり「そうだ、そうだ」と大いに盛り上がった。一週間ほど後に佐々木教授の元を訪れた今村が、この話をすると、

「今村君、それはOPTICAL　VALLEYではなく、PHOTONICS　VALLEYと言うんだよ」

OPTICALは光の波動性を利用するもの、PHOTONICSは光の粒子性を利用するものだと言われたとのことである。後に言うPHOTONICS　VALLEY構想の萌芽である。

佐々木教授が提案された融合理工学部における講座内容やカリキュラムは、長谷川盛一企画課長と井出剛主査が担当し、佐々木教授も三戸慶一助教授や大学院生などをフル動員して、詳細な煮詰め作業を続けて行った。

半年程経ったある日、三戸助教授から呼び出しがあり、坂本と今村が研究室に行ってみると、

「これから世界に先駆けた大学を創ろうというのに、学生のアルバイト賃も弁当代も出ないとは何を考えているのか。ボランティア活動にも限度がある」

と三時間に亘り、説教を食らうことになった。協力者の中には、後に教員となる小松川浩、田中詠子、福田誠などがいた。

日立製作所の今村にはとんでもないとばっちりで、あくまでも千歳市の対応の不備であった。坂本は、

「佐々木教授の厚意に甘えて必要な資金の手当てもせずにいた私の責任であった」

と詫びると、直ぐに経費を確保し、併せて日立総合計画研究所（日立総研）に「ホトニクスバレー」構想の実現可能性調査を委託する事にした。

日本版「シリコンバレー」を目指す

日立総研は外部委託を受けない原則であったが、そこは日立製作所の今村の取り計らいで例外的に引き受けてくれたのである。

メンバーは、主任研究員　藪谷隆、副主任研究員　岩田英則、加藤俊哉、研究員　栗田千佳子、山崎哲也の五人であった。調査研究作業は、米国での現地調査として、平成七年三月に次の機関を訪問して行われた。

公共機関　・ノースカロライナ・リサーチ・トライアングルパーク（ＲＴＰ）
　　　　　同　インスティチュート（ＲＴＩ）
大　学　・ノースカロライナ州立大学
　　　　・サンタクララ大学
民間機関　・マイクロエレクトロニクス・センター・ノースカロライナ（ＭＣＮＣ）
　　　　・ネット・エッジ社（情報通信機器販売）

日立関連　・バータス社（ソフト販売）
　　　　　・日立アメリカ（ＨＡＬ）Ｒ＆Ｄ
　　　　　・日立インスツルメント（ＨＩＩ）

日立総研の調査報告は、論理的で参考にしやすい内容で、坂本は胸をなで下ろした。今村の元で行われたヒヤリングの中で、次の様な千歳PHOTONICS VALLEY（ホトニクスバレー）へのアドバイスがあった。

①ＲＴＰは全米でのトップクラスの大学が四つもありながら、成功するのに十年以上を要した。キチンとしたグランドデザインを作り、長期にわたる努力が必要。
②学術ゾーンと産業ゾーンを分けない方が良い。一緒に働いている雰囲気が重要。
③国際間の競争に勝つためには、リサーチパークの運営は自治体から離れ独自のマネジメント機関が有効。
④新設大学は、特定の分野に特化したものとし、その専門性を集積して拡大すること。

⑤パテントが収入になるまで十年〜十五年かかる。大学運営も長期的な視点が重要。
⑥米国の大学は、社会に貢献する研究を行うことが、結果として大学の収入に結びついてくると考えるが、日本の大学にはこうした雰囲気が見られない。
⑦千歳の場合は、課題はあるが新設の強みを生かし、産学官の関係の構築が可能と思う。

こうした内容を紹介し、「ポテンシャルが非常に高いので、もしかしたら大化けするかもしれない」と今村に経過説明があった。そして、平成七年五月、佐々木教授監修、日立総研発行で、「ホトニクスバレー」構想が報告された。

構想は、世界に評価される光技術の頭脳拠点を構築し、二十一世紀を牽引する産業育成を図ることを目的に掲げた。研究機関を中心に、ＰＯＦ（プラスチック光ファイバ）を核とする光関連技術における産学官共同研究のエリアを形成するものである。

また、これを実現するためにホトニクスバレー・ネットワークを形成し、ホトニクス財団により、プロジェクトのサポート、新産業創造、企業交流プログラムの展開を提唱している。このネットワークには、千歳市が経済産業省と進めてきた新千歳空港周辺地域のプロジェクトを含むものであった。

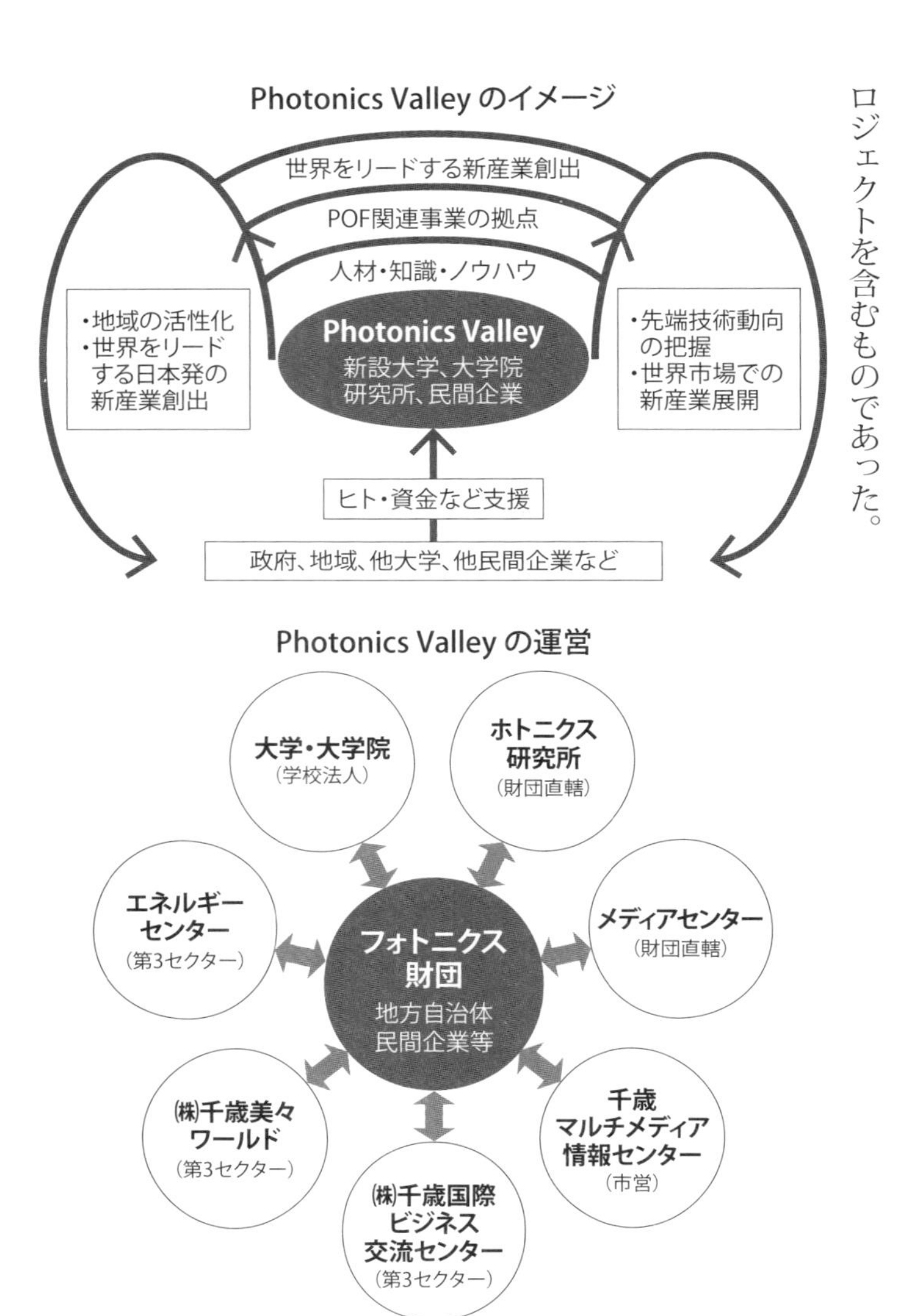

Photonics Valleyにおける研究開発展開

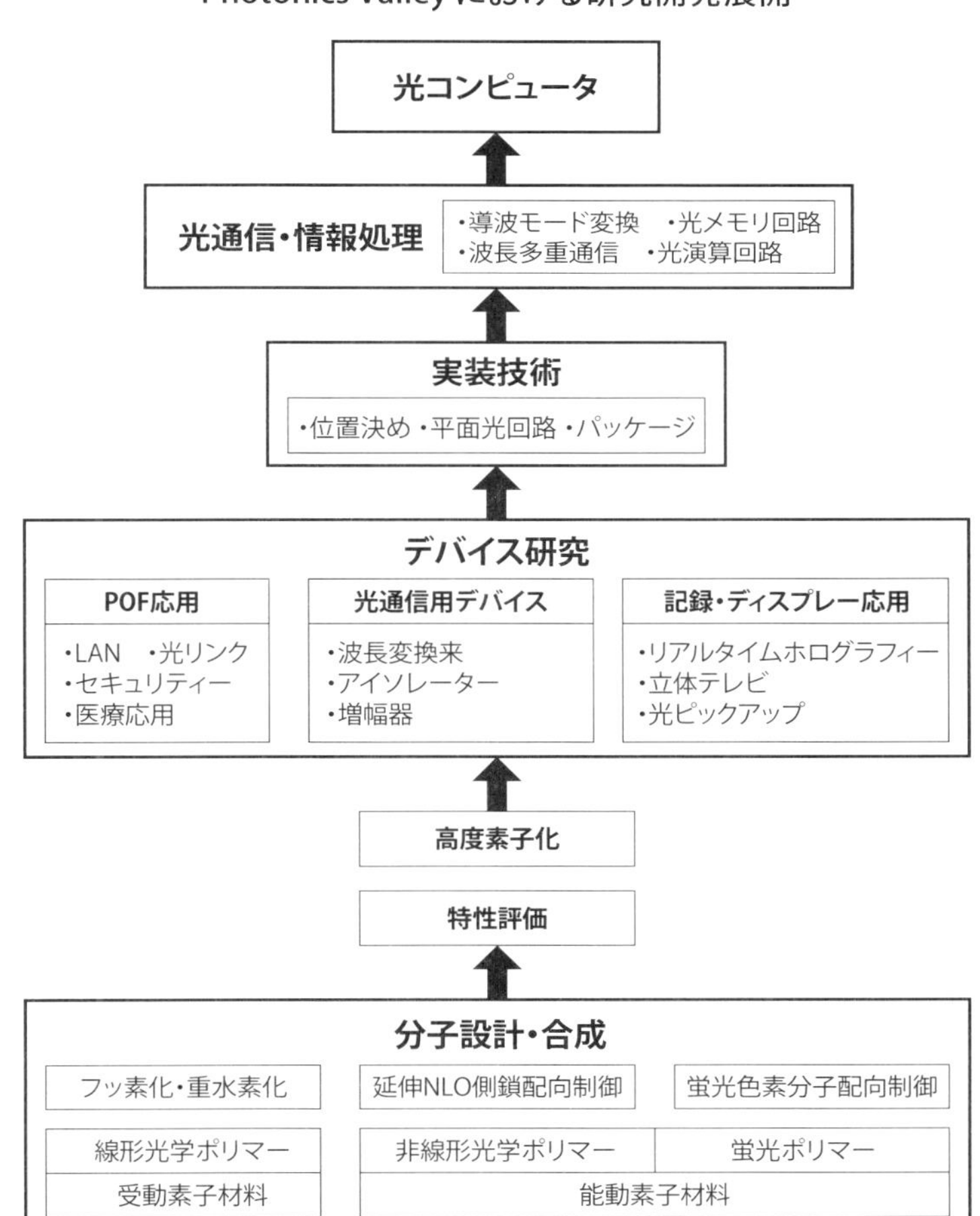

インキュベート事業として、次のプログラムを提唱した。これが「ホトニクスワールドコンソーシアム（ＰＷＣ）」の原型となるのである。

⑴企業育成プログラム

①大学・研究所と企業の架け橋となって事業化の援助を行う。
②企業に対して、共同研究、研究委託の斡旋を行う。
③大学・研究所と企業の共同で、研究成果の事業化プロジェクト体制を作る。
④事業化のためのインキュベートルームの提供と資金援助を行う。
⑤企業が抱えている問題解決の相談を行う。

⑵企業交流プログラム

①会員企業を組織化して、企業ネットワークを形成する。
②企業研究者と大学の研究者との個別会合によるコーディネートを行う。
③講演会、研究室見学等を通じ、企業と大学の融和を図る。
④シンポジュウム等を開催し、国内外に大学・研究所の技術動向を情報発信する。

⑤企業から大学研究室に派遣された研究員に学位を取得させる。
⑥大学の研究員を企業に招き入れ、産業技術の実地体験を通して学問的発展を図る。
⑦学生のリクルートをサポートする。

光技術の国際交際拠点を構築する、という概念は世界的な反響を呼ぶことになった。佐々木教授は、海外の学会などで、PHOTONICS VALLEY（ホトニクスバレー）構想を説明すると、誰しもが「Wonderful !」と称賛した、と話題にしていた。国内でも相次いで説明会が開催された。

・平成七年八月四日
会議名：千歳市PHOTONICS VALLEY視察会」開催
場　所：日航ホテル千歳
主席者：日立製作所、日立金属、日立化成の研究者、新設大学の教員予定など五十六名

・平成八年一月十八日

会議名：日立グループ見学・説明会
場　所：慶應大学理工学部
出席者：日立製作所、日立電線、日立化成の研究者、
　日立総研、大学の教員予定者

・平成八年四月十九日
会議名：ホトニクスバレー構想説明会

・平成八年六月十二日
会議名：ホトニクスバレーについて
場　所：札幌第一合同庁舎六階会議室
出席者：北海道通産局長他

この日本版シリコンバレー構想は「ホトニクスバレー」と命名され、構想の具体化や産官学での組織化を進めていった。対外的な発信も坂本は積極的に行っていた。日刊工業新聞の取材において、具体的な構想を展開していた。

「我が国で初の光技術を専門とする大学で、学部は光科学部です。化学と物理と電気の各

学問の壁を取り払って融合した教育を実践します。物質光学科で光に関する物質特性と関連デバイスの教育研究、また光応用システム工学科で光情報伝達システムと光応用技術の研究調査を行います。両学科とも百二十人ずつの定員です」

つまり、ホトニクスバレーの中核を成す大学での研究と開発は、融合理工学部二科で具体的なカリキュラムを組むというもの。

「物質光学科」——光に関する物質特性と関連デバイスの教育研究。

「光応用システム工学科」——光情報伝達システムと光応用技術の教育研究。

大学自体での研究開発を行うとともに、この大学の研究施設等の環境を活用して、産学官の共同研究を行うということが、ホトニクスバレーの両輪を成している。坂本はこう力を込める。

「よく調べてみますと、どこの大学でもほとんどうまくいっていないのが現状です。私たちは、その難題に挑戦し、具体的に実践しようとしているのです」

産学官で組織されるホトニクスバレーを、うまくコントロールするための核となる存在として、「ＰＷＣ」を組織し、運営する。千歳科学技術大学、大学院、研究所を中核として、民間研究所やメディアセンター、リエゾンオフィスなどのほか、関連企業の集積を図り、光技術の頭脳拠点を形成すること。名実ともに世界への学術情報発信拠点とすることであった。

具体的には、技術委員会が窓口となり、千歳科学技術大学の教員を研究リーダーとして、これに企業研究員や他大学の教員が加わり、さらに各界の権威をアドバイザーとした研究チームで構成する。

研究活動のテーマは、有機光電子デバイスをキーテクノロジーに光通信、光エレクトロニクスの素材、デバイス、製造プロセス、システムなどの光技術に関する幅広い分野での研究開発を展開するというものだ。

「このホトニクスバレー構想の提案で、郵政省所管の通信・放送機構の直轄研究の一端として平成七年、千歳市内に「千歳リサーチセンター」を設置することが認められ、約六億円の研究予算が配分されることになりました」

坂本は世界をリードできるベンチャー企業群を育成し、世界に向けて情報発信する学術拠点を形成していきたいと夢を膨らます。新千歳空港の新しい地域プロジェクトの第一歩であることを強調し、すでに大きな期待が寄せられていると喝破する。

第5章 始動「光プロジェクト」

「ホトニクスワールドコンソーシアム（PWC）」案

ホトニクスバレーの構想が打ち出され、インキュベーション機能の企業育成や交流プログラムが検討されていた。なかでも、提言者でもある今村陽一が懸念するのは、

「この大学の設立のためには、研究&事業家志向の強い研究者兼教員の採用がポイントですが、開学しても一年生だけの学部学生では研究助手にもなりません。さらに学内で研究を行えるようになるまでには修士学生が育つまで四年間待つ必要があります。つまり、大学院生がいなければ、いかに優秀な教授陣を集めても研究はできない。その穴を埋めるために産業界と連携し、企業の研究者を活用する産学連携スキームを考えました」

大学が開校しても研究活動の資金が少なく、確保が大切で、これも優秀な教員採用には不可欠であること。

そこで国プロジェクトの積極的活用を考えたところ、管理法人を窓口に産官学のチームを構成する必要があり、迅速なる対応ができる仕掛けが必要になる。千歳市としても光関係の企業誘致やベンチャー企業の設立による地域振興は望むところであったが、これらの企業との窓口となる組織がない。

これらの課題とニーズに応えるべく自らの管理法人の設立が必要となり、ＰＷＣという任意組織を起ち上げることになったのである。これにより産官学連携スキームが完成した。今村は、「スタート時点での計画をちゃんとやらなければシステムは動いていきません。大学が設立され、さらに千歳市にとっても活性化につながることを考えるとＰＷＣが必要となりますよ」とアドバイスした。

設立時のマネージメントは、

理　事　長　佐々木敬介学長（学）

副理事長　日立製作所　今村陽一（産）

同　　坂本捷男専務理事（官）

理　事　千歳市長、大学教授、有力企業の責任者等。

ＰＷＣは後に、ＮＰＯとして法人格を取得することになるが、ちなみに、これまでのＮＰＯ法人は殆どが福祉系となるが、技術系としてはこれが日本初のモデルとなった。

平成七年五月、佐々木敬介教授を委員長とした実行委員会が発足し、翌平成八年四月、佐々木教授より「ＰＷＣ（案）」が初めて示された。この名称については、慶應大学理工学部小池康博助教授が主催する「ＰＯＦ（プラスチック光ファイバ）コンソーシアム」との連携を視野に置いて決められた経緯があり、その基本構想については今村陽一の考案によるものだった。

つまり、産官学の共同研究の中核をなす組織であり、有機光電子デバイスを中心に光通信・光エレクトロニクスの材料・デバイス、製造プロセス・システムの研究開発と事業化をして新産業を起ち上げる目的であった。

参加は会員制とし、運営委員、研究委員、一般会員で構成し、国内外の企業、大学、自治体などを対象として募集するというもの。研究テーマは、第一期から第五期に分けて段階的に実施することにした。
その第一期の研究プロジェクトとして下記のテーマを設定していた。

□材料分野

側鎖型非線形光学活性基配向制御、ポリマー光アンプの開発。

□デバイス分野

延伸配向制御材料による二次高周波発生素子、ＧＩ型ＰＯＦ及び導波路型ポリマー光アンプ、テラbit/sスイッチング素子。

□実装分野

平面導波路型光プリント配線基板、ＰＯＦ用コネクタ。

□システム分野

プラスチック光ファイバ利用ワイヤーハーネス・システム、光通信システム教育キット。

坂本のため息

大学設立とホトニクスバレーの構築の作業が同時進行すると、今村陽一と佐々木教授から矢継ぎ早に連絡が入った。中でも光技術の研究会への誘いが多かった。ある時はプラスチック光ファイバの講演会であり、またある時は応用物理学会、有機非線形光学材料による光波マニピュレーションの研究発表会と、技術を熟知していない坂本にとっては、具体的な内容に入ると異次元世界の展開に眩暈すら覚えざるを得なかった。

加えて、大学と企業との共同研究の在り方を早くまとめることや、採用予定教員への説明会の資料の作成を急ぐといった事務局サイドへ舞い込む要望が重なっていく。坂本はこなす量にも限界があったため、三回に一度くらいのペースで対応することにしたのである。

坂本は今村にこんな質問を投げかけた。

「トップ企業の動きはすごいですね。ついて行くだけで骨が折れます」

「坂本さんはよく付き合ってくれますね。だけどこれが普通の速さなんですよ」

事もなげに言われて唖然としたという坂本。彼もこれまでに民間企業と組んで色々なプロジェクトを推進してきたが、一番困ったのは、大手企業と市役所の意識のギャップにあったという。日立製作所が推進する最先端事業の推進速度がジェット機だとすると、国は新幹線のスピードで制度化し、都道府県や政令都市が急行列車速度でこれに続き、人口十万人に満たない田舎の市役所のレベルといえば、まるで自転車のスピード程度である。この程度のレベルで追いかける図式に悲哀すら覚えていた。

何とかタイムスリップしてジェット機に乗ったとしても、ただ座っているだけである。ところが、情報収集に乏しい市役所の環境では、勝手に飛び跳ねているようにしか捉えられず、組織内部でも到底理解の枠を超えていた。そして、いつもの論理が働く。つまり、うまく完結できればいいのだが、失敗したときはそれ見た事かと足の引っ張り合いともいえる冷ややかな目で見下ろされるのが関の山であった。

「意識レベルに天と地の差があって孤独な闘いを強いられましたが、プロジェクトの意義や、果たす役割の大きさを考えれば、自分にムチ打ちながらひたすら走り続けることだけでしたね」

孤高の闘いにも映るのだが、坂本にとっては全人生を賭けたやりがいのある毎日だった。

一方の今村陽一にしても、困難なプロジェクトではあったが、坂本との相性の良さとともに、恩師佐々木教授との強い信頼関係を拠り所にできたことで、自らの信念を堅持することになったと言えよう。いまその思いの一端をこう展開する。

佐々木教授の光研究分野は、慶應義塾の中でも未だ注目されておらず、自身の夢としては、小さな研究所を持とうというプランを抱いていた。研究室や教育機関というものを作ろうとした夢。そこに今回のプランを持ち込んだ。ただし、大学を創ればそれで目的が達成されるというのではなく、先ずは、坂本が仕事として取り組んできた千歳市を活性化させること。関連産業の集積やベンチャー企業の創出であった。

あくまでも、今村、坂本、佐々木の三人の議論から生み出されたプランであった。その集大成としての「ホトニクスバレー構想」であった。ただ、当初から理想像として考え出されたわけではなく、ディスカッションを重ねる中で発想されたビジネスプランであった。

また、時代は依然としてエレクトロニクスサイエンスが潮流にあり、光サイエンスはまだ遠い存在で、光ファイバがやっと注目され始めた頃でもあったから、まして非線形のPOFなど、研究者の間でも相手にされない対象でしかなかった。

光研究者はあちこちの大学にいたが、必ずしも光が当たる存在ではなかったためか、光の大学を創るぞと旗を振り始めると、隠れ光研究者が協力するぞと手を挙げてくれた結果、水滸伝の梁山泊のように各地から光科学者が集まり、佐々木敬介を頂点とした目的意識の高い組織が生み出された。

「我々は光を一つのシンボルにしよう。有識者と言われる人には、あんなものと思われたが、大学を創設する我々の立場から見れば、この大学の特徴を付けるには、ＰＯＦがいいとの思いで、賛同者、開発者にこの指に止まってもらうのが一番だという考えであった。ただ、決してＰＯＦ以外をやらないという話ではなかった」

今村の決意の裏側には、辿り着くまでに思考錯誤と苦汁も飲んだ経験があった。

「佐々木先生も、人生を賭けてもいい。夢の場所を作ろうと、まさにいのちがけで懸命に情熱を傾けてくれましたから、鬼気とした覚悟が見えていました」

「ホトニクスワールドコンソーシアム（ＰＷＣ）」スタート
コンセプトの具体化

　ホトニクスバレー構想が打ち出されてから、インキュベーション機能の企業育成や交流プログラムが検討された。今村の危惧もあった。

「開学しても学部学生だけで大学院生がいなければ、いかに優秀な教授陣を集めても研究はできない。そのためには、企業との共同研究を進めて、研究員を派遣してもうことが重要になってくる。大学院に匹敵する教員スタッフの存在がなによりも必須条件となる」

　つまり、研究に対応できる要員の確保を今村は強調する。そのための対策として、研究作業は、千歳科学技術大学の教員（予定者）をチームリーダーとし、高分子学会や回路実装学会などの第一人者たる研究者をアドバイザーに据えることにした。

　一般会員には、定期シンポジウムや技術交流会の参加、研究プロセスの中間的報告、新規技術情報の提供などの他、研究成果の応用化から事業化までを専門に検討する技術委員会への参加プログラムが用意されている。

平成八年四月、佐々木教授から、ホトニクスワールドコンソーシアム（ＰＷＣ）案が提示された。

ＰＷＣの普及のため佐々木教授を委員長とする実行委員会を前年五月に発足せ、平成八年度中に五回のフォーラムを開催したが、各回とも大盛況を呈し、初の試みではあったが坂本も今村も、現実のプロジェクトを始動させる手応えをしっかりと掴んでいたのである。

モノづくりできない研究者

ホトニクスワールドコンソーシアムの原案は、組織の概要と研究計画を中心に策定されたが、技術委員会をより実践的な組織に仕立て上げる作業が残されていた。しかし、大学の研究成果を事業化するためのシナリオや組織体制を解説した資料や文献はどこにもなかった。つまり、日本で初めての試みとなるプロジェクトであったため、テキストなど存在しなかったのだ。これまでの日本の大学研究は、学術的側面から原理を追及することに重点が置かれ製品化は企業の仕事とされ、理屈は解っていてもそれを製品化する技能を持ち合わせている教員は極めて限られていた。特に、当時の国立大学に至っては、国家百年の大計に立って研究しているので、利益のために製品を開発することは、邪道である、との考えが染みついているようであった。

このため、研究成果を製品化に結び付けるためのノウハウがなく、また、そのための予算も人手も不足していた。研究費と人的資源の豊富な企業側から見れば、この様な大学と提携して共同研究をする意味がないことになる。現に、道内の大学でも大手企業から受託される内容は、数値の解析などのソフト面にシフトし、製品開発に関わるものはごく限られているのが現状と思われた。

こう見てみると、ホトニクスワールドコンソーシアム原案にある、実装技術を含めた研究プロジェクトを目標に据えたということは、じつに画期的なことなのであった。

しかし、研究成果をモノづくりに繋げるための仕組みの前例が見当たらないので、坂本は自らシステムを考えることにした。だが、公務員の経歴は長くても、先端技術の研究や製品製造については全くの門外漢であり、どのように纏めたらよいか皆目見当がつかなかった。断片的な資料を漁り、製品化までの流れを頭に描き、こうなれば次にこのことが必要になるだろうと分析しながら、下図の組織にまとめ上げた。

PWC組織図

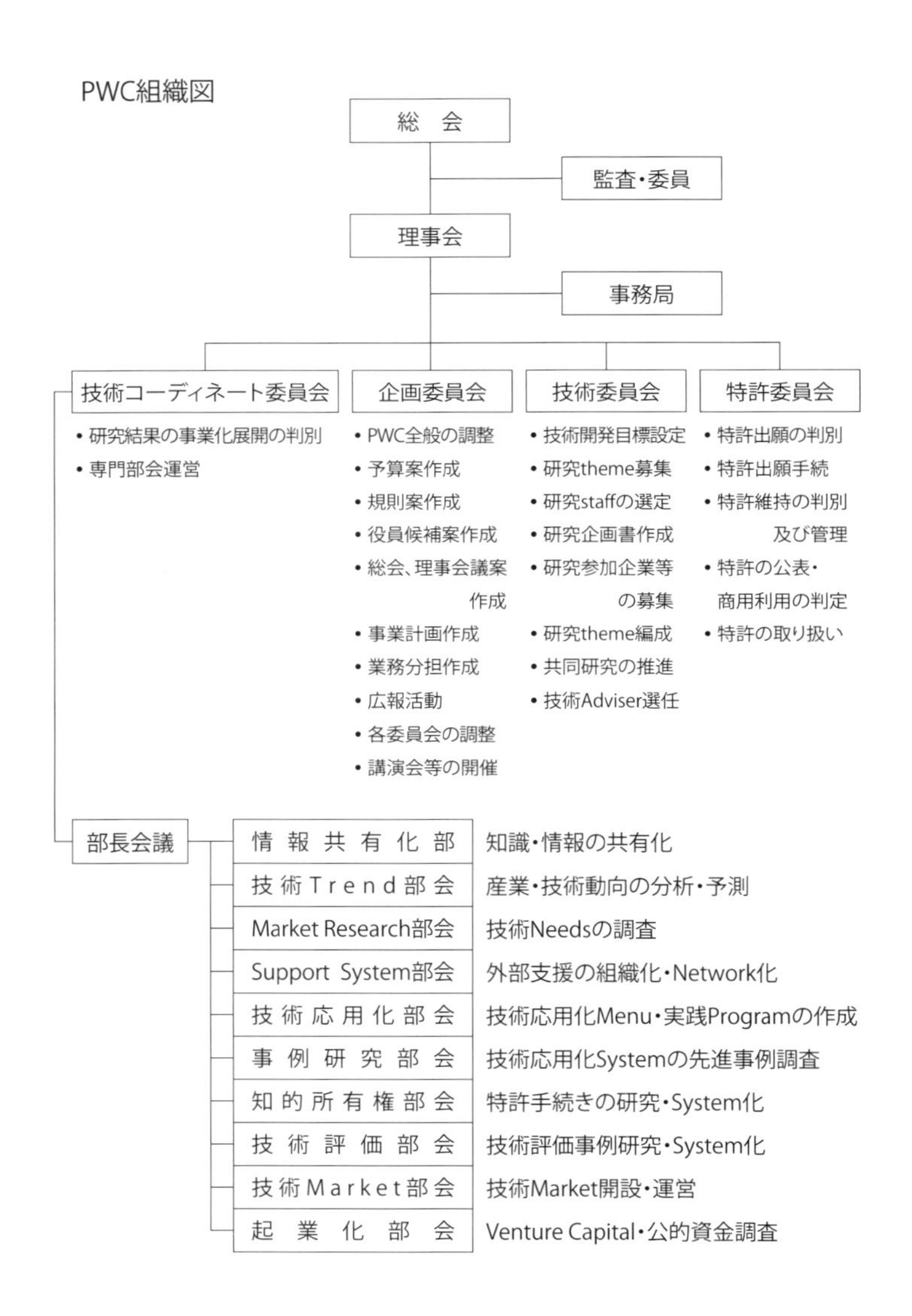
総　会
監査・委員
理事会
事務局
技術コーディネート委員会
・研究結果の事業化展開の判別
・専門部会運営
企画委員会
・PWC全般の調整
・予算案作成
・規則案作成
・役員候補案作成
・総会、理事会議案作成
・事業計画作成
・業務分担作成
・広報活動
・各委員会の調整
・講演会等の開催
技術委員会
・技術開発目標設定
・研究theme募集
・研究staffの選定
・研究企画書作成
・研究参加企業等の募集
・研究theme編成
・共同研究の推進
・技術Adviser選任
特許委員会
・特許出願の判別
・特許出願手続
・特許維持の判別及び管理
・特許の公表・商用利用の判定
・特許の取り扱い
部長会議
情報共有化部　知識・情報の共有化
技術Trend部会　産業・技術動向の分析・予測
Market Research部会　技術Needsの調査
Support System部会　外部支援の組織化・Network化
技術応用化部会　技術応用化Menu・実践Programの作成
事例研究部会　技術応用化Systemの先進事例調査
知的所有権部会　特許手続きの研究・System化
技術評価部会　技術評価事例研究・System化
技術Market部会　技術Market開設・運営
起業化部会　Venture Capital・公的資金調査

コーディネート委員会はＩＳＯの手順書のような部会構成となり、大学のシーズを事業化するまでの過程を網羅した、今までどこにもなかった独自のモノづくりのシステムを考案できたと密かに自負していた。ところが、上には上がいるもので、平成九年二月の日経メカニカル誌で紹介されたＴＲＩＺという発明理論を見て驚かされた。旧ソビエトの学者が、二百五十万件に及ぶ国家の特許情報を分析して発見した、技術を進化させる定石の手法であった。詳細は省くが、世界には凄い人間がいるものだと痛感させられた出来事であった。

始動したホトニクスワールドコンソーシアム

ホトニクスワールドコンソーシアムは、大学開学前の平成九年八月二十八日に設立総会を開催し、企業会員二十社、研究会員二十名でスタートした。会長は佐々木教授、副会長に今村陽一と坂本捷男が就任した。また、各委員会の委員長と技術コーディネート委員会メンバーを選出した。

このメンバーのほとんどは大手企業本社の部長クラスで意思決定権を有する人材で、特にノウハウが求められる技術コーディネート委員会を運営するには心強い最適の人選であった。実際、現職の管理職にありながらも、やり繰りして欠かさず会議に出席してくれたのである。もちろん無報酬であった。

また、特筆すべきは、日本を代表する有機光デバイスの権威者がアドバイザー会員として名を連ねてくれたことである。

一方、平成十年五月「大学等における技術に関する研究成果の民間事業者への移転の促進に関する法律」が成立し、大学等の特許の技術移転による事業化に大きな期待が寄せられたが、ホトニクスワールドコンソーシアムは一足早くこの政策に取り組んでいたと言える。また、技術マーケット部会は、研究者の特許を株式のように競売できるシステムを創るために設置したものであるが、ＩＴの急速な普及によりネットオークションが開設され、技術特許の売買がネット上で可能となっており、ＰＷＣの部会活動はニーズの先行的な試みでもあった。

研究開発の特徴としては、研究プロジェクトのリーダーは、新設の千歳科学技術大学

（ＣＩＳＴ）教員が務めることとした点にある。これは、千歳科学技術大学の自主性を確保するほか教員を育てることを意味する。会議は二ヶ月に一度の割合で開催され、千歳科学技術大学教員のみならず、光技術に関わる内外の著名な研究者の研究発表や講演が相次いで繰り広げられた。

この結果、僅か二年の間に、世界最短（〇・一九三㎛）の固体レーザや海洋生物由来のＤＮＡを利用した高機能光学材料などが開発され、ＣＩＳＴの研究成果は内外の注視の的となった。

しかし、相次いで発表された研究成果も事業化に結び付けるには多くの課題があった。

①教員の研究が必ずしも事業化を目的としているものでないこと。
②研究内容の新規性などから、企業のニーズとマッチさせることが困難なこと。
③研究成果が、商品化や事業化のレベルからかけ離れていること。
④研究成果による事業規模が小さくて、大手企業の興味を引かないこと。

NTTの理解と中島博之

ＮＴＴとの関係については、平成六年のマルチメディア情報センター（ＭＭＩＣ）の開設時に遡るという。ＭＭＩＣでは、パソコンの研修室や音楽編集室、情報体験室等、これから到来するであろう様々な情報機能をマルチメディアとして捉え、その教育宣伝の場として経済産業省が計画したもので、平成六年の一月に成立した国の補正予算の中にこのＭＭＩＣが盛り込まれた。

ところが年度末に近いということから、北海道では引受ける自治体がなく、話が千歳市の坂本のもとに持ち込まれ平成五年度末の平成六年三月三十一日に千歳市議会に緊急提案し採決された。

新年度に入り、千歳市としてもマルチメディアについてよく理解していないので、情報通信事業の総元締めであるＮＴＴ北海道支社に協力してもらう方向で進めることになった。

この折のＮＴＴ北海道支社の担当者が、法人事業部の中島博之課長である。尺八の中島聖山という山号を持つ趣味人であり文化人である。この縁から、大学設立時には中島の尽力で多額の寄付等の応援を得ることにもなった。その中島は、ＰＷＣの理事・コーディネーターとして参画、開学に際しても熱く燃えた。

マスコミの取材

ホトニクスバレー構想ができ、大学の設立が間近に迫ると、テレビや新聞社の取材が相次いで舞い込んだ。

平成九年では、五月七日－ＳＴＶラジオ取材、九月十二日－ＮＨＫインタビュー、十二月一日－日経新聞取材、十二月五日－日本工業新聞取材、十二月十六日－北海道新聞取材、十二月二十九日－ＴＶＨ取材と相次ぎ、平成十年に入ると各社のテレビが競って放映した。

・一月十一日－ＴＶＨスタジオ取材・座談会（佐々木教授、今村部長、千歳市長出席）
・一月十三日－ＮＨＫプリズム北海道、北海道トュデイ放映
・一月二十三日－ＳＴＶ道産子ワイド

・一月二十七日―TVH動き出した光技術・千歳ホトニクスバレー放映

佐々木教授も今村も、新設大学とホトニクスバレー構想をPRする絶好の機会であったので、喜んでこれに応じ、テレビ出演も引き受けた。

平成九年六月の日経産業新聞には、三人が出席してフジテレビの松尾紀子アナウンサーの司会で行った座談会の内容が全面記事で掲載された。


光科学研究で世界のトップを　来年四月開校　千歳科学技術大学［全国期待のホトニクスバレー談］いい大学は産業界と連携、日本の産業に活力を与える。ヤル気ある学生に魅力の環境と研究、そして事業化に

この座談会の中で佐々木教授と今村陽一はこう述べている。

「世界トップの研究をやって、それが役に立つことを示して、それによって企業を引き付けて、その企業のファンドを使って更にいい研究をやる。そういうことが学生のためになる。そのためにはどうしても世界トップの研究をやっていなければだめで、世界トップと

いうのはみんなが未だ知らないことなんです」

「この大学自体も皆の力でとにかく創設したんです。何もないところにこういうものを作ってきた。この力をもってここで育った学生は、大企業に行くぞというよりは、自分で産業を起こしていく、ベンチャー企業を起こすぞという気持ちを持ってほしいですね」

佐々木敬一と今村陽一の新しい大学への熱い思いが余すことなく込められていた。

第6章

千歳科学技術大学開学

人知還流・人格陶冶

日立総研の調査の一方、三戸助教授の主導で坂本と今村の三人が横浜にある日産生命の研修所に集まり、学則の検討に入った。まず初めに大学の基本理念について議論をした。

この大学は一口に言ってどの様な理念の下に経営するのか。慶應大学はどうか。言うまでもなく福沢諭吉が唱えた「独立自尊」である。早稲田大学は「学問の独立」のようだ。それでは千歳の大学の建学の精神を何にすればよいか。坂本は、中国語の「格物致知」がよいのではないかと提案した。この言葉は、礼記の大学編にある一節で、「物事を極めるには、物事の本質を知らなければならない」という意味なので新しい大学にピッタリと思われた。

しかし佐々木先生に相談すると、中国の言葉を引用するよりは、自分たちで考えた言葉にした方が良い、と言われ「人知還流・人格陶冶」でどうかと提案された。

「大学で有能な人材を育て、有用な研究成果と共に社会に送り出し、社会がこれを活用して得た果実をまた大学に還元する、これが大学のあるべき姿ではないでしょうか。そのためには、学生の人格を鍛えあげ、資質を高めることが大切なのです」

と説明された。世界に名をなす人物にはこの様な哲学があるのだと、佐々木先生の偉大さを認識せずにはいられなかった。

学部学科検討委員会の設置

平成七年二月、新たな学部学科を検討する委員会が設置された。構成メンバーは、千歳市民に、この人達が加わってくれたのなら大丈夫と思われる人材で構成することを念頭において人選した。もちろん光科学を中心とすることを前提としたものであり、千歳市民には、航空工学部の話しかしていなかったのでこれまでの経過の検証も併せて説明した。

大学教員は全て佐々木教授の研究仲間である。千歳工業クラブは、千歳市に進出した企業で構成する団体で、湯浅氏は、東洋製缶㈱の千歳工場長である。大学誘致期成会の渡辺会長は、山三フジヤグループを率いる千歳市随一の著名人である。北海道と通産局は、テクノポリスとエアロポリスの関係機関である。このように、市民からの信望を第一とした委員構成で事務局の原案を基に、次の項目で審議に入った。

①国の学術及び技術振興に関する政策の確認

②大学設置に係る文部省基準の確認

③千歳市の大学設置構想について

i．航空関連学部について

ii．情報関連学部について

iii．国際関連学部について

iv．先端技術関連学部について

⑤北海道において求められる大学について

⑥千歳市において求められる大学について
⑦新設大学に設置する学部学科について
⑧大学を補完するシステムの検討について

内容は、千歳市のみならず国や北海道の地域振興の在り方までを視野に入れたものであった。検討の結果、新設大学に設置が望ましい学部学科として、次の二学部三学科が提案された。

【学部学科名】

融合理工学部…………物質光学科、電子光システム学科
総合情報科学部……光情報科学科

【設置理由】

光に関する科学技術を中心として、自然科学と社会科学のバランスのとれた教育と研究を行う。

【光技術と大学の関わりについて】

光技術は我が国が国際的リーダーシップを発揮している科学技術であり、今後、国内

産業の発展に大きく寄与する技術である。特に光通信技術は、マルチメディア社会の進展に伴い、国民生活と不可分になり、化学、物理、電子、ソフトウエア等の幅広い学問分野を包含する技術でもあり、光通信に関連する光技術を教育・研究することは、非常に意義がある。また、これまで千歳市が希望してきた航空工学部との関連を次の通り分析した。

【融合理工学部】

具体的な技術応用分野として「航空」に関連する。

【総合情報科学部】

教育研究の知見の応用は、「航空」にまで波及する。

つまり、あえて航空工学部と銘打たなくても、先端技術の教育研究の中で包含できるとされた。

この結果を踏まえ、大学推進本部の長谷川企画課長と川端主査が文部省の設置基準に従って、設置費用と運営経費の試算表を作成した。

意外な結果であった。殆どのケースで採算がとれないのである。川端主査がどうしますか、と聞くので、設置費用が少なくて総定員が多い一学部二学科一学年定員二百四十名に決め、学部学科は、結局のところ、佐々木教授の提案された融合理工学部に落ち着くこととなった。

一方、当初文部省基準の一・五倍で想定していた設置費用を精査すると、基準ぎりぎりで僅か三%の余裕しかなかったが、何としてもこの範囲で収めようと覚悟せざるを得なかった。

学部学科		1学年定員				計	総定員	運営採算
		情報科学部	融合理工学部					
2学部3学科	A	100	80	80		260	1,040	×
	B	80	80	80		240	960	×
	C	80	60	60		200	800	×
1学部3学科	D		100	80	80	260	1,040	○
	E		80	80	80	240	960	×
	F		80	60	60	200	800	×
1学部2学科	G		120	120		240	960	○
	H		100	100		200	800	○
	I		80	80		160	640	×

大学名の決定

坂本は、武蔵工業大学名の使用を断念してから、大学名をどうするか思案していた。他の新設大学名を調べているうちに、新潟県の長岡市に長岡技術科学大学という国立大学があることを知った。人口約三十万人の都市の大学に、長岡という地域名を付していることに新鮮さを感じ、地方の特色を出すのであれば、人口の規模に関係なく、あえて設置する都市の名前を冠した方がいいのではないか。そう考えて「千歳科学技術大学」としたい旨を議会に説明した。

所管委員会は、大学設立に関する調査特別委員会であり、委員長は社会党会派の荒牧光良議員が務めていた。委員会では、全国的にＰＲするには「千歳」の名前ではインパクトが弱いのではないか。「北海道」の名を入れてはどうか等意見が相次ぎ、提案当日の結論が持ち越された。荒牧委員長は、

「こういう話は急いで結論を出さない方が良い。暫くすると収まるところに収まるものだ」

と延期の理由を言った。かくして、平成七年七月十一日、所管委員会で新しい大学名は

坂本の提案通り、「千歳科学技術大学」とすることが承認され正式に校名が決定した。

坂本の右腕

校名の検討に入る前の平成七年六月、大学設立推進本部が独立組織として設置され、地域計画部次長を兼務していた坂本は兼務を解かれ、佐々木部長の後を継ぎ副本部長となった。小松助役が本部長を兼務することになった。

担当者の人事にあたり坂本は、行動力のある人材を希望した。適任者を模索していたところ、地方拠点法を担当していた渡辺信之課長が企画部門から転出する情報を耳にした。この頃の地域計画部は、新千歳空港周辺に様々なプロジェクトを展開中で、内外ともに注目されていた時期である。渡辺課長は都市計画部門が長く、地方拠点整備やＦＡＺ事業、オフィスアルカディア事業等、坂本の下で体を張って推進してきた人物である。

坂本は渡辺を大学本部の総務課長として受け入れ、第一の功労者である川端忠則主査と東京理科大学卒業で数字に強い篠原廣文主査を部下に配置した。

長谷川盛一企画課長は、室蘭工業大学大学院の修士で、学部学科のカリキュラムを担当する上で最適任の人材である。井出主査は、北海道開発庁に出向して国の動きを知悉している政策通である。総務係長の原文夫は、大変几帳面、且つ凝り性な性格で、ケチをつけさせない書類の作成にもってこいである。係員の中野朝子主事は、千歳市役所で唯一の英検一級の保持者で、決断が早く男性並みの行動力があることから、敢えて配置を求めたものである。溝江満弥主幹は、建設部建築課長として、千歳市のほとんどの大型施設の建築に携わるほか、国の予算関連で防衛施設庁との調整窓口も経験しているので、大学施設担当者としては申し分のない人物であった。

先に、大学設置の予算を文部省基準のぎりぎりに留めたと書いたが、溝江課長なら心配いらないと一抹の不安を払拭することができ、実際にその通り実行したのである。スタート時の本部のスタッフは、僅かこの八名である。なお、大学構内の造成工事は千歳市が直接実施することになり、建設部土木課の前田好通係長が担当者となった。このスタッフが身を粉にして取り組んでくれたことを考えると、少数精鋭の掛替えのない最強の人事であった。

基本計画の策定

独立した大学推進本部の最初の仕事は、基本計画の策定である。大学設立の必要性とその可能性を主眼とした基本構想は、（仮）北海道武蔵工業大学設立の際に、長谷川課長と井出主査が、大学名は変更したが、北海道と千歳市の総合開発計画に掲げる街づくりの目標を参酌して作成済みであった。基本計画は、光技術に焦点を当て、内容を詳述するものである。設置の趣旨、大学の特色、教育研究内容、施設・設備計画、学生及び就職先の確保、大学の運営体制等に「ホトニクスバレー」構想を盛り込み、平成七年十二月完了した。

一、名　　称　千歳科学技術大学
二、位置・面積　千歳市美々七五八番地六五他　四六・七ha
三、学部学科・定員

学部	学科	就業年限	入学定員	収容定員
融合理工学部	物質光科学科	4年	120人	480人
	電子光システム学科	4年	120人	480人
学部合計			240人	960人

四、大学機能を補完するシステム（ホトニクスバレー構想）

①目的

千歳科学技術大学を中心に、プラスチック光ファイバをキーテクノロジーとして光関連技術における産・官・学の共同研究を進め、国際的な吸引力をもつ学術研究拠点の形成を図ると共に、光関連技術分野に関する国際的学術情報拠点を整備する。

②事業エリア

「千歳美々プロジェクト」内の学術研究ゾーンをメーンエリアとし、生産ゾーン、交流ゾーン及び保健休養ゾーンをサポートエリアとする。さらには、空港周辺地域全体に波及させる。

③国、企業、自治体などによる運営母体の設立を予定する。

五、事業スケジュール

六、設立費用

総額　九十八億百万円

費用負担　千歳市負担　六十七億三千二百四十万円

民間寄付　　三十億六千八百六十万円

この金額は、「(仮称)北海道武蔵工業大学設立基本構想」の算定費用を踏襲したものである。

財団設立

並行して大学の設置主体設立の準備作業に入ったが、どうするかが悩ましい問題であった。

千歳市立にしたいが自治省は政令都市でなければ市立を認めない方針であった。

自治体の共同による一部事務組合方式もあるが、恵庭市が近畿大学の誘致を決めており、苫小牧市も独自の大学を模索している状況であったので難しい。第三セクター方式では、民間企業の理解と調整に時間を要し協力を得ることは困難に思われた。さりとて既存の学校法人の傘下に入ることは、新設大学設置の趣旨に沿わない。結局、選択肢は財団の設立しか残されていなかった。

このため、千歳市が基本財産を全額拠出して財団を設立することになった。

名　称　千歳科学技術大学設立準備財団
基本財産　二億円

財団設立の許可は文部省の所管である。作成する書類は、設立趣意書から始まり、寄付行為、役員予定者の承諾書、設置する大学の概要、寄付行為予約申込書、事務組織などである。この中で、学部学科のカリキュラムと教員毎の担当科目の作成に相当の労力を費やし、長谷川課長と井出主査が佐々木先生との頻繁な遣り取りの末まとめ上げてくれた。

最大の課題は、寄付申込者名簿の作成であった。

募集目標額　八十億六千八百六十万円
（内訳　千歳市　五十億円、民間　三十億六千八百六十万円）

創設費の確保については、千歳市負担分は先に計算した通りで問題はないが、問題は、民間寄付金である。最終的に確保できなかった場合には、千歳市が適切な措置を行う旨の確約書を文部大臣あてに提出していたが、果たしてどこまで集まるか。新千歳空港周辺地域で展開している各種プロジェクト関係の企業や、千歳市に進出した企業など、坂本と渡辺課長が中心となり、佐々木地域計画部長、大学本部長の松岡助役と組織が一丸となって募集活動を展開した。あるときは、市の部長会や課長会まで協力を要請した。寄付者の中には、大学本部の職員も含まれていた。こうして三十億円の寄付申込者名簿を作成した。

提出資料の作成は、膨大な数に上ったが、大学本部のスタッフが夜を徹して作成し、平成八年三月十三日に申請書を提出した。設立許可は二週間後の三月二十六日であった。

噂の責任

大学本部ができると、市議会の質問も活発になった。平成八年三月の予算委員会で、自民党会派の議員からこんな質問があった。

「大学校舎建設に関し、すでに受注業者が内定しているという噂が流れている。どうなっているのか」

これには坂本も驚いた。そんな筈はないのである。

「大学校舎の発注は大学設立準備財団が行うことになっていますが、その財団はまだ設立されていません。設立もされてもいないのに受注業者を決めるわけがありません。その様な噂を尤もらしく議会で質問されると、噂が間違っていても事情の知らない市民の中に信じてしまう人が出てくるかもしれません。そうなったら、あなたはその責任を取れますか。私が行って説明してきますので噂の主を教えてください」

坂本はこのように説明した。再質問はなかった。

寄付金の確保

大学設置に伴う総事業費は九十八億百万円であるが、その内三十億円を寄付金で調達する手筈である。坂本は、新千歳空港周辺地域の開発で多くの企業と親しくなっていたこともあって、大学設置の話をすると異口同音に積極的な協力を申し出て、寄付金を打診すると色よい返事が返ってきた。話を整理してみると、一億円から五億円まで、十五社くらいで三十億円になった。これを手帳に書き込んでおいた。

しかし、寄付集めは計画通りに運ばず、窮した坂本は日立製作所の今村陽一に助け舟を求めたが今村の努力もむなしく、実際の寄付額は半額の十五億円に止まってしまった。

大学設立準備財団の認可申請の際には、不足した場合は千歳市で負担するとの一札を文部省に提出していたことから、坂本は、大学本部の渡辺総務課長を連れてその対応策を助役に相談に行った。この時には大学本部長が小松助役から松岡助役に代わっていた。

「大丈夫、財政調整基金を取り崩せば、何とかなるので私から市長に話して了解を取るので心配しなくてもよい」

と自信たっぷりであった。助役は財政畑が長かったので、資金運用には熟知していたのである。しかし、幾らなんでも緊急時のために蓄えた調整基金を大学設立のために使うことが許されるのか、坂本には甚だ疑問であった。助役が市長に相談すると、

「何を言っているのか、そんなこと出来る訳がないだろう」

と一喝された。財政通で知られ、筋の通らないことは相手がだれであろうと、頑として受け付けない性格から、職員の信頼が厚かった助役であったが、この時ばかりは、返す言

葉に窮してしまった。

市長は「土地開発公社からでも借りて来い」と怒りまくった。

坂本は、泉沢開発事業で土地開発公社の事業運営は知悉していたが、金融機関ではないので相手が千歳市といえども融資は無理である。渡辺課長が、

「何とか引き出すことはできませんか」

と聞いてきたとき、ふとアイディアが浮かんだ。そうだ、金融業は無理だけれども、造成事業であれば可能である。大学予定地は約五十haを予定し、このうち二十haは、スタンフォード大学の様に、造成して企業の研究所用地として賃貸し、学校法人の収入源にする計画であった。この二十haを土地開発公社に十五億円で譲渡しよう。公社は上下水道工事と道路工事を行い企業に処分すれば十分採算が取れる。

この計画は、建設部都市整備課の前田好通係長が以前に検討した内容であった。

結果的に、この土地は土地開発公社に二十億円で譲渡され予想外の五億円は、市民の一番の関心事であった市立病院の移転費用に充てることとなった。

今村陽一の「課題」提言

平成八年五月初め、今村陽一から坂本の元に「千歳科学技術大学の今後の課題と対策について」と題した文書が届いた。寄付金集めと並行して、大学の根幹に関わる課題についても突きつめて問題視していたのである。

「財団認可をクリアーできましたが、今後は、計画自体が独り歩きしたり、参加している人の考え方や理解の相違点等が表面化して、思わぬトラブルが待ち受けているステージでもあります。これらを極力避けるための課題と対策について提言します」

具体的な課題についての提言であった。

課題1　教員、関係者に対する大学設立の趣旨、目的、特色等の理解徹底

対策ⅰ　先端科学技術分野に係る光科学技術の振興と人材育成

ⅱ　北海道の産業・経済の振興及び社会貢献…産学共同研究の積極的な展開

ⅲ　教育・研究方針…既存の科学技術分野を融合した教育研究

課題2　教員採用・人事

対策ⅰ　教員採用条件…大学設立の趣旨と目的に賛同し、積極的に活動できる人物他

ⅱ　教員の活動…各自1テーマ以上のコンソーシアムを推進、寄付活動へ参加

ⅲ　人事評価委員会・年功序列及び私情人事から脱却、人物・研究教育成果を重視

課題3　研究設備購入規程

対策ⅰ　事務局が一括購入する。教員がＣＩＳＴの名の下にメーカとの購入折衝禁止

課題4　設備・機器費用の配分

対策ⅰ　大学設置基準による年度毎の配分と教員赴任時期から見た配分

坂本は驚いた。これらは本来大学本部と財団の事務局の仕事ではあるが、坂本自らはノウハウを持ち合わせていなかったのだ。特に問題視せず安易に考えていたが、実際に大学がスタートするとトラブルになりかねない重大な規範となるだけに、今村の配慮に坂本は溜飲を下げた。

「ここまで心配してくれるとは、さすがに今村さんだ」

坂本は、早速この方針で対応することとした。

しかし、実際に運用が始まるとそれぞれの局面で指摘された通り、すぐに難題に直面する羽目となった。第一は、教員の採用でトラブルが発生したこと。第二は、機器類の購入であった。事務局での一括購入と教員の口利き禁止は徹底させたが、問題は機器の選択を誰に託せば良いかであった。これについては後述する。

日経新聞全面広告

財団の設置許可が下りて二ヶ月ほど経過した平成八年五月二十八日朝、出勤した坂本は日本経済新聞を見て驚いた。日立製作所が日本経済新聞に千歳ホトニクスバレー構想の一面広告を掲載したのである。

「この大地がもうすぐ世界に注目される谷になる」と謳う大見出しと共に、記事はこう展開していた。

世界をリードする最先端光技術の拠点へ、千歳ホトニクスバレー。

北海道千歳市美々地区。新千歳空港に隣接するこの広大な敷地でいま、ひとつの新しい構想が進もうとしています。「千歳ホトニクスバレー」構想。光技術の可能性を拡げるホトニクス材料の進化に、研究所、大学、そして複数の企業が一体となって挑みます。まず、研究所と大学を設立。さらにここで開発される優れた先端技術を製品化する企業を、積極的に誘致します。まさにこの土地が、最先端技術の一大拠点となります。

地域と、マルチメディアと、産業の未来のために。

千歳ホトニクスバレーで研究される光技術の基礎となる有機ポリマー分野は、将来的に幅広い応用が期待できます。研究テーマのひとつ、プラスチック光ファイバーには、優れた加工性やコストパフォーマンスからマルチメディア社会の基礎となる新しいネットワークを実現する可能性があります。また、大学を核として企業が結集し新たな産業が生まれてゆく。それは地域発展の新しい形であるとともに、世界をリードする光関連の産業創造という可能性も秘めています。

未知へ挑戦するこの構想を、日立はフロンティア精神をもってサポートしています。
日本を代表する産業、世界をリードする産業を興したいという千歳市。新しい時代をつくるため、新しい分野・新しい事業へ積極的な企業姿勢をとる日立。このふたつの未来へのベクトルが一致して生まれたのが、千歳ホトニクスバレー構想です。日立はこの構想の実現のため参画し、サポートを続けています。日立の次世代への挑戦もまた、この千歳ホトニクスバレーで動き始めました。

千歳科学技術大学とは書かれていないが、北海道に光技術の拠点ホトニクスバレーの誕生で、研究所と大学の設立とあれば、千歳市の新設大学であるとすぐに理解できたし、構想の説明を受けていた人や大学の開学を知っていた人たちにとって、日立製作所のサポートと聞けば大変なインパクトになった。つまり、日立製作所が先頭に立ってサポートしていくホトニクスバレーのプロジェクトであることを内外に明確に示した宣言でもあったのだ。経済界に打ち上げた与えたビジョンとしてもインパクトの大きさがうかがい知れる。日立製作所に籍を置く今村陽一が、日頃親しくしている宣伝部長に協力を求めて実現したものであったが、狙いは日本経済新聞の全面広告を打つことで生まれる同業他社へのビジョン協賛への誘導であった。大学の寄付金集めのため認知度を高める狙いもあったのだ。今村の思惑があった。

一方、坂本は日経の一面広告にどの位の費用がかかったのか計り知れない所だが、千歳市の予算では到底叶わない仕業であり、しかも対外的な広報効果は絶大なところから、度肝を抜かれる驚きであった。

これについて、今村も社内での勝負に打って出た。紙面が出て、研究担当の副社長に呼ばれた。

「日立が千歳にＰＯＦの大学を創るなんて誰が言ったんだ」

と詰問調であった。

「千歳に大学を創るなんて一行も書いてありません。光の拠点ができると紹介しているだけですよ」

と切り返したらそれ以上の発言はなかった。今村は胸をなで下ろしたが、この仕掛けには今村の策が功を奏したのだ。今村の発言力と社内における力量を推し量るには十分の結果となった。

学部長の選任

新設大学の大きな課題の一つに教員の確保があった。優秀な教員をいかに集めるか、これがなかなか難しい。学長予定の佐々木教授は、研究の仲間や大学の教え子を中心に人選を行い、教授十九名、助教授十名、講師二十六名、助手四名の合計五十九名の候補者を決めた。

ところが、内定はしたものの、佐々木教授の研究教育方針に異議を唱える者が現れた。佐々木教授は有機デバイスを研究の柱に据える考えであるが、光ファイバは無機材料でなければならないと言う。また、ある者は慶應義塾大学の大学院生であったが、大学内での経理処理などでトラブルを起こすほか、開学前に採択された郵政省の研究開発事業でトラブルを起こすなど問題児であった。さらに、民間企業出身の者は、上記の郵政省の研究開発事業や佐々木教授が提案して採択された郵政省の研究開発事業での事務処理に不手際が目立っていた。いずれも、今村の要求した崇高な教育マインドが欠落しており、賛成でき

ない。坂本が本人に会って、

「教員に採用の予定であったが、適任と思えないので、白紙に戻します」

と宣告して廻った。

通告された本人は「どうしてですか」と自分の言動と不手際を問題と捉えてはいなかった。最後は、本人の反省で佐々木教授に納得してもらったが、開学後に問題を残すことになった。

最大の問題は、学部長を誰にするかであった。財団設立時では豊田工業大学大学院の教授を予定していたが、他の新設大学の学長に予定されていたことから別の人物を探すこととなり、同じ慶應大学物理学科の川合敏雄教授を候補者とした。大学設立作業に協力してくれていた慶應大学理工学部の三戸慶一助教授の推薦であった。


平成八年六月に東京のホトニクス研究所で教員説明会を開催することになった。

その時、今村陽一は、

「川合さんは光の専門家ではない。物理学の教授なので教育重視の学部なら分かるが、光技術、更に事業化を目指す大学の学部長には相応しくない」

と、この人選に異議を唱えていた。川合教授は、数学のエキスパートで国際的に知名度が高く、人柄も温厚で、他の大学にないユニークで分かりやすい教科書にするのだと張り切っていたので、坂本は推薦した三戸先生に相談したが、

「今さら変更すると言われても、本人はその気でいるし、慶應大学にも川合先生が学部長になると話しているので、後戻りはできません」

と頑なに反対したのである。結局、佐々木先生がいるから何とかなると思って川合学部長に就任いただいたが、この判断が佐々木学長の予想外の逝去後に千歳科学技術大学を研究&ベンチャー創設志向の大学から教育志向の大学に変貌させる原因の一つとなってしまった。

改めて今村の先見性に恐れ入った。

認可申請

膨大な資料との格闘の末、平成八年九月三十日、文部省に学校法人設立の認可申請書を提出した。

文部省協議の場合、病院の受付と同様に、予約した時刻に文部省の控え室で待機し、順番に名前を呼ばれて会議室に入り指導を受けた。指導は担当官が二名一対体制で行われ、次回以降は担当官が交代し、六名が順繰り対応する仕組みの様であった。このため、先の担当官の指導事項が次の担当官に引き継ぎがされていないと齟齬が生じることになる。

あるとき、大学本部の担当課長以下のスタッフと一緒に訪問し、女性担当官から指導を受けた。速やかに指摘事項を修正し、スタッフだけで指導を受けに行ってもらった。帰庁した川端主査は、

「全然ダメでした。前の担当官の話と違うことを言われました」

と憤懣遣る方ない様子であった。新しい担当官の指導は、先の女性事務官の指導した事項を否定するものであったという。

坂本は早々に当の事務官に電話を入れた。

「貴方が指導した内容通りに書類を修正したところ、今度の担当官からそれは必要がないと言われた。どうなっているのか。北海道から出ていく担当者の身にもなってほしい」

と詰問すると「申し訳ありませんでした」と謝ってきた。責任者に代わってもらうと、私学助成課の専門官が出て次の様なやり取りとなった。

「どうしましたか」

「部下にどんな指導をしてるのか。担当官が変わる度に違ったことを言われる様では困る。細かい指摘が多いが、肝心の計画の内容はあれでよいのか」

「そんな計画書は見ていない」

「見ていないとはどういうことか。企画課を通じて計画書を提出してあるではないか」

このやり取りを聞いていた渡辺課長が、

「文部省と喧嘩してどうするのですか。認可が下りなくなってもよいのですか」

と怒った。

「こんなことぐらいでだめというのなら、元々認可を下ろす気がないのだから、諦めた方がいい」

坂本は開き直った。その後文部省からのしっぺ返しはなかった。

それどころか、驚いたことに、当の専門官が後に親身になって助言をしてくれたのである。

申請内容が大学審議会に諮問されると、学部名にクレームがついた。融合理工学部については、この様な名称がこれまでに例がなく、融合という言葉が曖昧である、等の理由から大学審議会で疑問の意見が出されたので他の名称に変更してほしい、との連絡が入った。佐々木教授は、光技術の教育研究には、物理と化学との融合が不可欠なのだとして、譲ろうとはしなかった。しかし、大学審議会で反対されれば文部省もゴーサインを出せないのは目に見えている。

「先生、これを拒否すれば財団設立の認可が下りなくなってしまうので、ここは一歩譲るより仕方がないでしょう。取り敢えず光科学部という名称にして、時期が来たら見直すことにしませんか」

と提案すると、不承不承、了解された。この他、理由が明らかにされなかったが教員の資格が問題となり、差し替えを余儀なくされた。学部名といい教員の差し替えといい、学長予定の佐々木教授にとっては屈辱的な指摘であったものの、何とか理解をしてくれた。

第7章

光に命を捧げて

密書

話は戻るが、佐々木学長の「余命」宣告を受けて自宅訪問の二日後、千歳に戻った坂本の元に今村から電話が入った。佐々木学長の病状についての詳しい説明があり、慶應大学病院の医師と千歳の病院がスムーズに連絡ができるようにしてほしいとの要請であった。

坂本はこれまでの経緯を話した。

「北海道大学付属病院での治療も第一義に考えたのですが、業務は土日が休診となり、学長の容体について頻繁に連絡を取るには不便です。やはり地元でと考えまして、千歳市役所の産業医に相談することにしました。医者がどうにも手の施しようがないということなら、手術をしないで治せる方法を検討してみませんか。生きる可能性を最大の目的とした学長救出プロジェクトを組み方策を検討するのです。心理療法や気功療法等もあります。こちらは素人なりに理解できる面もあるので、なんとかなるのではないかと思います。不可能を可能とするとはこのことかもしれないですよ」

坂本は佐々木学長の救出のためなら藁にもすがる思いで、あらゆる手法を模索するとともに、より前向きな対応を取る決意を話した。

佐々木学長救出プロジェクトと並行して、今村が心痛めていたのは、千歳科学技術大学の現状維持と、将来に対する懸念であった。五月十八日、今村自ら筆を執り「Ｓプロジェクト」と題したプランを坂本の元に送った。もちろん二人だけの極秘のプランであることはいうまでもない。

「ご承知の通り、ホトニクスバレー・プロジェクト、ＰＷＣ、千歳科学技術大学は、全て佐々木教授を核として構築されたものであり、教員、学生、企業等は全て佐々木教授の求心力により束ねられ、まとめられてあります。その核の喪失という事態により、万が一この求心力を失うことになれば、バラバラに分解する可能性を秘めています。また、佐々木教授の不測の事態の際にマスコミが不安を囃し立てても、教職員や学生等が動揺しない対策が必要となります。このため、一層の結束・結びつきを強固にするような対策を講ずるのが、緊喫の課題でありますので、下記の事項についての徹底を図りたく、宜しくお願い申し上げます」と次の事柄の実施を求めてきた。

【佐々木イズムの継承】

一、佐々木学長と教職員とのコミュニケーション機会の増大を図り、大学の在り方と将来性について、学生の自立意識を高めるための指導視点についての普及。

二、将来研究教員によるコンソーシアム活動の開始、千歳科学技術大学教員の建学精神の実践と継続を図るべく意識の覚醒。

三、学生と学長との触れ合い機会の増大、特別講義の開催や「授業ジャック」による機会の演出。

四、佐々木学長の思い、活動状況の映像化、新聞等の資料の収集。

【後継体制の構築】

佐々木学長——緒方直哉教授——小林教授、吉田教授（ともに慶應大学佐々木研究室OB）

【後任人事】
小林、吉田氏の千歳科学技術大学への早期着任。

坂本も今村の提案に異論を挿む余地はなかった。なによりも佐々木学長の体調が良好なうちに学生と接する機会を増やし、光テクノロジーの一端の浸透を図りたい。そのためには、〝授業ジャック〟を図って大学の気風を知らしめたい。地元市民対策としては、「市民講座」を開催して光テクノロジーの産業としての魅力の解説と普及を図る。あるいは、ホトニクスワールドコンソーシアムのコーディネート部会の開催数を増やして、機構の浸透を図るといった、当面する対策を実行に移していったのである。
ただし、学長後継者については、提案以外の選択肢は考えられなかった。

曲折

吉田淳一と小林壮一の千歳科学技術大学教授就任の時期は、当初三年先の予定であったが、なによりも佐々木学長の緊急事態により急遽、学長の補佐をしてもらうべく派遣を早めてもらうことにした。

七月の末に、坂本は上京すると二人が所属するＮＴＴ基礎技術総合研究所を訪ね所長に面会した。坂本は千歳科学技術大学での現地指揮官として、新設大学の教員体制を維持するため派遣時期を繰り上げてもらいたいと、両名の早期着任を懇請したのである。

所長は

「千歳の大学は、有機材料の、しかも非線形という内容ですが、それでも良いのですか」

と疑問を呈した。

ＮＴＴがグラスファイバ路線で光技術の研究開発に取り組んできた姿勢は坂本も十分承知していた。ＮＴＴ研究所のトップとして陣頭指揮を執ってきた所長としては、相いれない方向であることは坂本も織り込み済みであったが、大学の特性として強調した。

「当大学が、御社の方向性と相いれない、特異分野にシフトしていることは承知しております。しかし、千歳市としては、佐々木先生に全てを託しましたので、佐々木先生が有機非線形だと言われるのなら、それで構わないのです。非線形の挑戦こそが千歳科学技術大学の生きる道だと考えております。当然、研究のリスクは覚悟のうえで取り組んでいますのでご理解をいただければと考えます」

坂本は、佐々木学長の「遺言」を脳裏に焼き付けていた。といって、佐々木学長の病状を前面に出すわけにもいかないものの、佐々木イズムを何としても通したかった。

所長はしばらく考えてから、こう切り出した。

「小林君は、佐々木先生の研究方向とは別のジャンルでやっております。その点は大学の懐の広さでご理解いただければと考えます」

坂本の要望に理解を示してくれた。ありがたかった。着任予定繰り上げの可能性が見えてきた。

有機非線形を貫く

同じ様な疑問の声が国の機関からも坂本の元に示されていた。同年七月末、科学技術関連の財団を訪問した坂本が、ホトニクスワールドコンソーシアムの支援要請をした時のことである。面談相手は、研究交流・支援促進室長と主任調査員である。

「国際共同プロジェクトは、国同士で話し合って調印し、その後にスタッフを決める仕組みになっている。研究者同士が話し合いで決める内容ではない。有機非線形は、やっても無駄だと思う」

この否定的見解に坂本は反論した。

「無駄か無駄でないかは当方が決めることであって、他人から言われる筋合いのものではありません。無機をやっていては千歳の大学の特色を出せないことから、敢えて有機に特化して進めているのです。もちろんリスクは十分覚悟してやっております」

「事業化といっても簡単にはいかないでしょう。財団でも過去三十五年間に事業化に結びついた研究は数百にすぎない。基礎から始めると気の遠くなる様な話ですよ。一体何年先を見ているのでしょうか。百年先か二百年先ですか」

「そんな悠長な話ではありません。三年から五年が目標です。できるかどうかではなく、とにかくやってみなければ前に進めません」

坂本は首を傾げた。科学技術の研究開発とは、リスクを冒しながら未知なものに取り組むことで進歩させてきた歴史であるだけに、科学技術の振興を推進する国の機関の姿勢とは思えない全く逆の考えを押し通そうというのである。坂本の足枷になったのは、この財団の話が、後の国際共同研究における国内手続きという壁が待っていることを、この時点で知らなかったことである。

小林壮一の場合

慶應義塾の恩師である佐々木敬介教授との再会と、千歳科学技術大学への準備について、小林はこんな経緯を語っている。

佐々木先生が一九九三年頃、コロンバス、オハイオ州のPIRI（Photonic Integration Research Inc.）に来られ、

「北海道、千歳に光の大学を創るので来てくれないか」

と要請された。

「どんな大学を創るのですか」

と聞いたところ、

「プラスチックファイバを中心に有機非線形の研究を基にすすめる」

　とおっしゃるので私は、

「NTTでは石英系光ファイバを研究開発してきたので方向が違います」

　とお断りした。ところがその半年後、NTTから日本に早く帰るようにと要請があった。そこで私は一九九六年頃、再度佐々木先生に米国から電話で、「光の大学では教員の採用可能性はもうありませんか」

　と尋ねたところ佐々木先生は、

「今なら教授の席が一つ空いているので来てほしい」

と快諾を頂いた。私は二件の質問を挙げて佐々木先生に伺った。

　一つは大学では「プラスチックファイバではなく石英系光ファイバの研究をすること」。もう一つは「ベンチャー会社を兼務で行ってよいこと」であった。

　一九九七年七月に帰国し、NTTエレクトロニクス（株）（NEL）にお世話になり、一年目は検査部門長、二年目はプロセス部門長、三年目は実装部長と石英光導波路作製に関する全ての工程を理解でき、製品を作り出すために欠かせない品質保証システムについてマニュアル作りから学ぶことができた。

そのため、二〇〇〇年に千歳に行く前に「七年間、ＮＥＬで得た石英光回路についての知見を一切他言無用にすること」にサインをして退社した。ＮＥＬ時代は単身赴任生活を行い、暴飲暴食のため痛風持ちになってしまった。

佐々木学長救出作戦

佐々木学長が千歳の病院に転院すると、坂本は治療用の薬剤の運搬役として、慶應義塾大学病院と尾谷医院、東京と千歳を行き来していた。今村からも毎日のように病状の照会があった。

佐々木学長の治療効果は一進一退を極めており、一時はこのまま治癒するのではないかと思われるほど快復を見せていた。佐々木学長は自信を取り戻すと、以前にもまして精力的な活動を開始した。調子の良い日は大学で執務し、気分の優れないときでも病床から指示を出していたのである。

一番の関心事は、ホトニクスワールドコンソーシアムとＴＡＯでの共同研究であった。また、開学式、入試委員会、期末試験と相次いで相談に応じていた。

一方の坂本は、大学の役員人事、ホトニクスワールドコンソーシアムの総会準備、大学予算の配分、連絡バスの運行、高校訪問と学校説明会、千歳市議会対応と多忙を極めていた。

今村陽一が提案した学長救出作戦には、妻の紀美子や辻岡理事長も加わり、必死の思いで取り組んだ。

ある日、佐々木学長から坂本にこんな依頼があった。

「温熱療法で四十二度に体を温めると癌細胞が死滅すると聞いたんだが、死ぬ位なら何でも試してみたいので、何処の病院か探していただけませんか」

思いもよらぬ学長からの依頼に、坂本は早速、今村と連絡を取った。今村が東京の中野区にあるルカ病院を探し、連絡を取ってくれた。遠赤外温熱療法だという。後日坂本が訪問して相談したところ、床に伏している先生を移動させることは困難なため、結局は受診を見送ることになった。

また、妻の紀美子が免疫療法の本を見つけたといって連絡をくれた。横浜のイトウクリニックであった。今村に照会してもらったところ、これまでに一万四千件治療したが、治癒したのは数%で大きな期待は持てないと、消極的な報告が返ってきた。同じように、坂本も癌治療の本を買いあさり、癌は治るという事例を探し続けた。

五月末、妻の紀美子が、ＡＨＣＣの本を見つけ、錠剤とカプセルを購入してきたことがあった。本には、杏林大学の八王子健康センター長の八木田医師がこの療法のエキスパートと書いてあった。この話を辻岡理事長に話すと、理事長と親交のある先生であるという。

七月に入って、学長の容体が急変した。

坂本は、理事長から八木田医師に連絡を取ってもらうと、特別な対応を取るので、絶対あきらめてはいけないと励まされた。それから主治医の沖中先生の協力を取り付けて、ＡＨＣＣの投与を開始した。

「この方法で同じ様な患者を治したことがあるので何とかなると思う」

八木田医師の説明であった。坂本は、ＡＨＣＣを受け取りに何度も三鷹に通うことになった。

八月の終わり頃であった。坂本は尾谷病院に見舞いに行くと、佐々木学長が声をかけてきた。

「坂本さんにも加わってもらいたいと考えているんだが、大学設立の背景と光技術の可能性について、佐々木、今村、坂本の共同執筆で本を出版したいのです。あと少しで章立てができますので、一緒にやってくれますね」

著作の提案であった。九月の初めには本の章立てが出来上がるので、その時点で具体的な分担を決めたいという。研究家の表情で話す佐々木学長の声がいつになく弾んでいた。

九月に入ると佐々木学長は苦痛を訴える機会が多くなった。辻岡理事長は、八木田医師に連絡して、

「直接診察してほしい。処置は先生に任せる。東京に行く必要があれば何時でも連れて行く」

と要請したところ、

「教え子が練馬区で島村病院を開業している」

と紹介され、準備が整い次第転院することとなった。

移動は九月十二日と決まった。前日、坂本は今村に電話し、羽田空港から練馬区の島村病院までの移動手段について検討を依頼した。

転院

転院の当日、坂本は旧知の千歳市社会福祉協議会の神藤徹常務理事に依頼したところ、自ら車椅子用の移送車を運転してきた。

佐々木学長に酸素吸入器を付けた状態で運び、新千歳空港に着いてJASのカウンターで手続きを済ませたものの、酸素ボンベを持ってスーパーシートは使えないと断られたが、一人のいのちに関ることであると説得して了解を貰い事なきを得た。学長夫人と坂本、島崎総務課長、佐々木保健師が同行した。

羽田空港に着くと、今村陽一とフジテレビの安部ディレクターが出迎えていた。車椅子を移送用のバスに乗せ、今村の車とフジテレビの車の三台で島村病院に向かった。

昼過ぎに到着したのだが、佐々木学長の疲労の色は濃かった。夜八時、担当の羽木医師が診察に来た。学長は少し安堵した様子を見せた。

「私は、杏林大学で八木田医師の下で免疫の研究をやっています。胸水を抜くのが専門です。治療は八木田医師の指示に従って行います。この病院は父が経営しています」

との説明があり、坂本が連絡の窓口となった。

翌日、坂本は一旦千歳へ戻ったが、九月二十日〜二十三日まで再び上京して病院に詰めていた。今村陽一もフジテレビの安部ディレクターも顔を見せていた。佐々木学長の病状は安定している様子であった。

幻の出版企画

九月二十日、病室を訪ねた今村に、佐々木学長がベッドから手を出して一枚のメモを渡そうとしていた。学長の嬉しそうな表情に、今村は驚いた。メモを受けとると、学長が話し始めた。

「今村君と坂本さんと組んで、本を出すからね。せっかく夢を実現する絶好の機会となったからには、世界に知らしめたいからね」

いつになく弾んだ声で話す学長に、今村も笑顔で答えた。

「先生と一緒の本を出すんですか」

学長は笑顔で頷いた。渡されたノート一頁には章立てがなされていた。

「ニューコンセプト千歳科学技術大学設立」
　学長　佐々木敬介
　専務理事　坂本捷男
　大学パーマネントアドバイザー　今村陽一
第1章　設立の発端（佐々木）
第2章　実行案の策定（佐々木）
第3章　実行の背景とバックアップ体制（坂本）
第4章　ホトニクスバレー構想とホトニクスワールドコンソーシアム（今村）
　4－1　ホトニクスバレー構想の目的と意義
　4－2　ＰＷＣの概要

4―3　千歳科学技術大学と関連するＰＷＣの設立経緯
4―4　ＰＷＣの今後の課題
4―5　ホトニクスバレー構想の完成を目指して
第５章　設立から入学試験　開学まで（坂本）
第６章　エピローグ（佐々木）

「先生、いま実践している理想の大学を創る夢をそのまま本にするだけですね」

今村の言葉に、佐々木学長は笑顔で返した。

「なんとか完成させたいね」

いまも、今村の手元に残る書類ホルダーの一枚のメモ用紙。「佐々木先生　最期レター
Ｈ一〇　九／二〇」と今村のメモが添えてある。

別れのとき

九月二十二日、八木田医師が診察に見え、治療方法が決まったとの説明があった。坂本も今村も、その言葉に安堵したものの一抹の不安は隠しきれなかった。

十月二日、妻の紀美子から坂本の元に電話があった。

「今日の治療で、後二〜三日と言われました……」

声が震えていた。坂本も衝撃だった。というのも九月二十九日に辻岡理事長から、八木田医師の話として「学長の容体は良くなっている」との説明を受けており、新たな治療法がうまく効果を発揮したと安堵した矢先のことであったからだ。

——一体どういうことなんだ。八木田先生の見立てはどうなっているのだ。

坂本は学長の容体急変に心が乱れたものの、病院行きを即決。

「すぐに飛んでいきますから、奥さん、元気を出してくださいね」

坂本はすぐさま千歳空港に駆けつけると、東京に飛んだ。途中で今村に電話を入れ学長の緊急事態を報告した。

今村も胸を突かれる思いだった。入院当初は積極的な治療効果を見て延命への期待を抱いていた。院内を散歩したり、学会で発表する原稿をベッドで書くなど張り切っていた姿を目にしていたからである。

しかし、日毎に血中酸素濃度が低下していき、酸素吸引が常態化していった。ベッドの上でまどろむ状態も長くなり、脈拍も弱くなって血圧も低下していったのである。

二日夜八時に病院に着いた坂本は、佐々木学長の苦しそうな表情を見て声をかけた。ほどなくして今村陽一も顔を見せると、坂本を廊下に連れ出してこう言った。

「最悪のことを考えておく必要があるね」

坂本には胸に突き刺さる言葉であったが、覚悟も必要だった。この夜から坂本は佐々木学長の病室に泊まることとし、簡易ベッドを用意してもらい二十四時間体制で見守ることにした。

どこから耳にしたのか、大学の教職員も見舞いにやってきた。東川千歳市長も来院した。今村も毎日駆けつけていた。

十月五日、今村は早めに見舞いに来ていた。病室には常駐している坂本のほか、佐々木研究室のＯＢが何人か詰めかけており、佐々木学長の容体を伺っていた。妻の紀美子の姿はなく、この日はまだ自宅にいた。

午後三時、主治医が容体を伺いに来ると、

「脈拍が低下している。この一両日が山でしょう」

と静かに告げた。ベッドの周囲に待機している見舞客が一様に動揺した。今村は坂本の顔を見つめると、眉間に皺を寄せながらゆっくりと頷いた。

午後三時二十六分、今村陽一、吉田教授、小林Dr.、長江Dr.、張Dr.が駆け付けた。佐々木学長は、眠っている状態であった。

午後三時三十八分、ベッドの傍らに備え付けてある脈拍計の数字が消えた。と同時に血圧計の波が消え、機械的な音が鳴り続けた。佐々木敬介学長の心臓が停止したのである。

主治医が駆け足で部屋に入ると、佐々木学長の瞼を指で開きライトで瞳孔反応を確かめた。腕の脈拍を確認しながら腕時計を見た。

「ご臨終です」と控えめに言った。

一瞬の静寂の後、嗚咽が病室に響いた。今村も瞼を押さえた。

「私は号泣しました。父が四十九歳で急逝した時も、母が異郷の地で九十五歳の生涯を終えた時も私は涙を堪えた。だがこの時は、無意識のうちに涙と共に声が迸り、先生、先生と叫び続けた。先生が哀れでならなかった。かけがえのない宝を失ってしまった。今村と約束した学長救出プロジェクトは、残念ながら実現できずに幕を閉じた」

坂本は回顧する度に目頭を押さえる。

今村は廊下に出ると妻の紀美子に電話した。すでに覚悟していたように「ありがとうございました」と礼を述べた後、簡単な葬儀等の打ち合わせをしたのである。

この時の様子を伝え聞いた千歳科学技術大学の王助教授と李講師夫妻が、坂本の部屋に来た折にこう話したという。

「坂本専務は佐々木先生と知り合ってから日が浅いのにも拘わらず、最後まで先生に付き添ってくれたということで評判になっています」

坂本は専務理事として、大学創りの協力を要請した者として、佐々木先生を何としても助けたかっただけである。それが適わなかった失望の大きさに打ちひしがれた。

今村は恩師の死をこう回顧する。

「佐々木先生にとっては、夢だった大学ができてこれからという時でしたから、病魔に襲われて命を亡くす無常を恨みましたが、余命三ヶ月を告知されてからの月日は、本当に密度の高い時間であったと思います。幸いにも二ヶ月間の延命を果たすことができましたから、人との触れ合い、将来の道を作り上げられたことは最高に幸せな人生であったと思います」

今村は、再度母校慶應義塾の創立者福沢諭吉の人生訓を頭に浮かべ、「佐々木先生に見る福沢魂に接することができました」と感謝の思いを熱くした。

葬儀

坂本にとって悲しみに臥している暇はなかった。取り急ぎ理事長に来てもらい今後の段取りを協議することにした。葬儀は大学葬で執り行う。学長の後任は緒方直哉教授に内定した。また、葬儀社に連絡し遺体の移送を依頼した。病院での手続きを済ませると、遺体とともに佐々木学長宅に着いたのは、午後九時を過ぎていた。

先ずは家族と葬儀についての打ち合わせを行った。十月七日午後六時通夜、翌八日十二時告別式と決まった。葬儀会場は近くの南篠崎町会館とし、日本経済新聞の全国区版に訃報を載せることにした。ここまで決まったところで、葬儀委員長の件でトラブルが起きた。

学長在任中の死去のため、葬儀委員長は大学側に頼みたいとの内儀からの申し出を受けて、坂本は辻岡理事長に連絡をとり了解を取り付けようとした。学長の葬儀だけに、理事長が葬儀委員長を担うのはごく自然の流れと誰もが考えた。辻岡理事長は、

「まずは委員長が必要な葬儀なのかどうかを検討する必要がある。この検討なくして、私は引き受けたくない」

坂本にとっても意外な言葉が返ってきた。驚いた坂本は今村に相談すると、

「それなら一番の適任者は専務理事の坂本さんだから、あなたがやればいい」

と坂本を促した。佐々木家の葬儀となれば、無理強いをしてまで理事長にする必要もない、割り切っていいというのだ。後日、大学としての学長の大学葬をやればいいとのアドバイスであった。

「佐々木学長の葬儀だから、慶應大学の教授をはじめ教育界や企業の重鎮が参列する筈なので、到底私ごときの出る幕ではないと思ったが、他に適任者がいないのであればとやむ

を得なかった」

専務理事でもある坂本は引き受けることとし、一応その旨を辻岡理事長に連絡の電話を入れた。

「専務理事の私が、葬儀委員長を引き受けてやります」

と言うと、

「それなら私がやる」

と翻意したのである。最初から引き受けてくれれば何の問題も起きないのだがと、坂本は訝しげな表情で電話を置いた。

午前二時近く坂本はホテルに着いた。長い一日であった。


十月七日、朝から慌ただしかった。午前七時、坂本の元に千歳の自宅から電話があり、佐々木学長の訃報の記事が出ているとの説明であった。

北海道新聞：先生の輝いた瞳が忘れられない（今村）
日本経済新聞：大学に大きな打撃。当面は心配なし。

午前十時、弔問の御礼回り。十一時半、佐々木学長宅で通夜の打ち合わせ。葬儀会場下見。午後六時、通夜読経。親族と近親者は祭壇への通路に向かい合って座っていた。入りきれない参列者は一旦靴を脱いで焼香し、終わると二階に直行した。二階では直会の席が用意されていた。その間親族は祭壇の前で座ったまま待機していた。

坂本にとって、通夜の席の参列者に飲食の席を設ける習慣は初体験であり、北海道との違いに驚いた。参列者は何人になったろうか、大勢の弔問客で会場があふれていた。

十九時、坂本の元に渡辺課長が顔を見せると、松岡助役が専務を慰労したいと言っていると伝えてきたが、坂本はとても酒を飲んでいる気持ちにはなれず辞退した。

翌十月八日、快晴であった。正午、告別式。読経が終わった後、妻の紀美子が参拝者にお礼の挨拶を述べた。学長が大学設立に託した夢や、夫と過ごした闘病の日々を淡々と述べる姿に坂本も今村も目頭を熱くしていた。気丈に振る舞う妻の姿に、最期まで素晴らしい内助の功を果たす健気さに、ただただ佐々木学長を羨ましく覚えた。

佐々木学長の贈り物

国際会議

十月十二日午前、大学の理事長室で専務理事の坂本と東京から駆け付けた今村陽一も加わって理事長と大学葬の打ち合わせを行った。結果、佐々木学長の大学葬を十一月五日に挙行、学長選を十月二十八日締切と決めた。

この日、午後から佐々木学長が精魂傾けてきた「ICONO'4」の記念講演会が大講堂で行われた。大学を訪れたのは、アリゾナ州立大学のペイガンバリアンDr.、ルーバン大学のパスーンDr.、ノーベル賞候補のカリフォルニア大学アラン・ヒーガーDr.など、有機材料分野の世界的権威が一堂に集まった。一般参加者百五十名と、学生は光科学概論受講として全員参加したのである。

十八時からは、東川市長の歓迎レセプションがホテル日航千歳で開催された。宮田清蔵東京農工大教授から、高分子学会の総会を千歳で開催したい旨の申し出があり、市長は二つ返事で歓迎の意を表した。

坂本は、今村や吉田教授と一緒に、アリゾナ州のオプティカルクラスターの議長を務めるラウト氏と懇談し、クラスターの成立過程をヒヤリングした。中小のエキスパート企業を集め、企業のトップで構成。企業側でテーマを考え、大学にアタックする仕組みの説明を受けたのである。

翌十三日夕刻、幹事役の雀部Dr.からアラン・ヒーガーDr.のノーベル賞受賞の可能性が八〇％と高いことが披露され、受賞が決定した際は午後七時から大学の大講堂で記者会見を開くとの説明があった。

報道関係者がカメラを持参して次々と大学に集まり、発表を待ったが、残念ながらノーベル財団からの連絡はなかった。しかし、翌年、アラン・ヒーガーDr.は筑波大学名誉教授の白川Dr.と共に、「導電性高分子の発見と開発」でノーベル化学賞を見事に受賞したのである。

「ICONO'4」は、十五日まで開催された。出席した研究者から、「佐々木記念賞」を設けるべきとの要望と共に、寄付金が寄せられ、最終日に贈呈式が行われた。理事長に代わり専務理事の坂本が七十二万九千円を受領したのである。坂本は英語で謝辞を述べた。

「On Behalf of CIST, Let me say thank you for this generous donation.We have established CIST as the international center of excellence photonics……」

坂本は自ら書いた日本語の原稿を理化学研究所の和田研究員等に頼んで英訳してもらい、慣れない口調ながら精一杯御礼の言葉を述べた。午後一時、会議は大盛況のうちに閉幕した。

共同研究

会議の終了直前に、松岡助役から嬉しい知らせが坂本の耳に入った。

「昨晩の接待の折、ルーバン大学のパスーンDr.から年四億円の研究費を用意しているとの話があった。緒方先生を中心にして実施させてはどうか」

先に、科学技術振興事業団を訪問した際、政府間の協定によらなければ国際共同研究はできないと言われていたので、即答は避けて調整することとした。

この他「ICONO'4」終了後、ＣＩＳＴに共同研究の引き合いや技術相談などが相次ぐことになった。

・シーメンスから有機非線形材料の開発等で共同研究の申出

・㈱帝人からポリアクリル製品の集魚照明活用について、光技術指導の要請
・韓国光州大学ＪＯＯ教授がＣＩＳＴとの交流を申出
・ＣＩＳＴ加藤洌教授の仲介で㈱ムトウとレーザ利用による医療機器の共同開発検討
・山形大学稲葉教授が生体フォトンの共同研究呼びかけ
・千歳市農業協同組合からトマトハウス栽培の技術的相談

これらの研究は、ホトニクスワールドコンソーシアムの研究テーマとして具体的な取り組みへと繋がっていくのであるが、いずれも佐々木学長の撒いた種であり、早くも芽が出始めたことに坂本や今村は、佐々木学長の泉下からの贈り物であると成果を噛みしめた。

大学葬

佐々木学長の東京での葬儀の後、千歳市の関係者や千歳科学技術大学としての葬儀の場を、同年十一月五日、午後一時三十分から「佐々木敬介学長を偲ぶ会」を体育館で行っ

た。大学関係者や学生など約六百人が参列した。

この時の葬儀委員長も辻岡昭理事長が担い、弔辞を述べた後任の学長緒方直哉は、「佐々木学長の意志を継ぎ、職員全員で光科学の研究拠点づくりに取り組んでいきます」と遺影を前に誓った。

さらに、千歳市長、友人代表に理化学研究所主任研究員の雀部博之（教授・第三代学長）、慶應義塾大学佐々木研究室を代表してNTT光エレクトロニクス研究所集積光エレクトロニクス研究部部長であった吉田淳一が述べた。吉田淳一は千歳科学技術大学での佐々木イズムの継承者として、小林壮一とともに教授として招聘されていた。

佐々木学長が建学精神とした光科学についての講義のスライドも紹介され、人柄や業績を偲んだ。

佐々木イズムの実現に向けて

ホトニクスワールドコンソーシアム発足以来、中心的な立場で推進役を買って貢献してきた小林は教授としての立場でこんなキャンパス実践を行っていたことを披瀝する。

「佐々木先生が光の大学を創るときにその思いをじかに聞いていないので私がやってきたことで先生が満足されるか疑問ですが、私なりに先生の思いを想像して以下のことをやってきました」

と大学では三年生からの専門課程の授業（光ファイバ論、フォトニクスデバイス、光ファイバシステムなど）を担当しており、光テクノロジーを基礎から応用まで学生に語ることができた。また、佐々木先生に指導いただいた同期の池田弘之（元富士通）、陣門優志（元三菱電機）、菊地宏（元三菱電機）はホログラフィー、パワートランジスター、特許の講義を行っている。北見出身の米国在住の元ＰＩＲＩ（Photonic Integration Research Inc.）社社長の宮下忠は光ファイバ、フォトニクスデバイスなどの講義で春秋と小林をヘルプした。

「私が先生と一緒に学生時代に研究をさせていただいたように、学生に研究の楽しみを通して光テクノロジーを学んでほしいと思い研究室を運営しました。やったことは光デバイスの新テーマを提案し、国のプロジェクトの獲得です。幸いだったことは坂本さんのお陰でベンチャー会社（ＰＳＴＩ）を運営でき、札幌の経産局の指導を得て多くのプロジェクトを獲得できたことです。私は常にプロジェクトリーダーをさせていただいて大学側と企業側の研究内容を把握できましたので、学生も社員も協力して研究活動を進めることができました。平成十八年に獲得した「ものづくりプロジェクト」では大学のクリーンルームへのマスクアライナー、スパッタ装置などの導入、空調設備の整備、電子顕微鏡の設置などプロジェクトのお陰で寄与できたと考えております。クリーンルームについては佐々木先生の希望でもあったので中に入れる設備について私が平成十二年に準備しました。ベンチャー会社は当初、セントラル硝子や東芝機械から研究者を出していただきながら、学生が育つのを待ち、気が付いたら小林研の卒業生が頑張っていました」

さらに、小林にとって恩師に報いるための実践活動も力を入れていた。

「私が先生との記憶に残っているのは毎年の夏の合宿でした。自分が研究室を持ったら夏の合宿は絶対実行しようと思っていましたので、一期生から十六期生までニセコで合宿を行いました。途中から山林研究室、小林（大）研究室と合同で行い、卒論計画発表、テニス、ラフティングの行事をすべての合宿で一人のケガもなく終えたことを感謝していきます。また、本部棟にある坂本さんが企画したＢＢＱ場を利用して春と秋にＢＢＱ大会を研究室で開いており、学生同士の親睦を図ることができました」

愛弟子の一人として、千歳科学技術大学のキャンパスで、佐々木イズムを根気強く進めてきた小林教授は、忠実に恩返しを果たしていたのである。

そして、今後の千歳科学技術大学とホトニクスバレーとの連携を強化し、「佐々木遺産」をどう生かしていくべきかである。もっとも、ホトニクスバレーの実現は大学だけではできないため、今後とも千歳市の協力が必要不可欠である。幸いにして二〇一九年度から千歳市が主導した公立大学として再出発するため、今まで以上に大学の特徴をアピールするためにも光技術を中心とした「光の大学」を大いに旗頭として、本来のホトニクスバレーを実現してもらいたいと小林は訴える。

「なぜ今まで大学の学部の名前が「光科学部」、「総合光科学部」、「理工学部」へと変遷したのか、これは入試に際して高校側が理解し難いためでしたのでここで是非、「光」を学部名に再考していただきたいと願っています」

それぞれの再出発

新学長の開学時期の逝去という、最大の痛手を乗り越えて大学の専務理事として草創期の舵をとってきた坂本捷男にとって、そして恩師でもある佐々木敬介学長とともに三人で「光大学」の夢を実現させてきた日立製作所（二〇一八年退社）の今村陽一にとっても泉下の佐々木敬介への追慕は尽きない。

開学から二十年を経て、しかも、二〇一八年より千歳市公立千歳科学技術大学と体制を公立化することに舵を切った。その結果、学生募集は余るほどの人気を博すことになったが、最大の憂慮は佐々木学長が描いた建学精神への危惧であった。今村はこう慨嘆する。

「千歳科技大の設立時には全国の光に関する研究者達が自らの研究を通して成果を産業育成に繋げようとの思いを一つにして集まってきました。そして教職員学生も同様です。そして佐々木先生が死を告知された後、直ぐに大学に戻り教職員全員に光テクノロジーを核に千歳をベンチャー企業の発祥地にしようと必死に呼びかけました。そして皆で誓い合ったことを忘れないでほしいと思います。

私はこの建学精神に期待し、横浜育ちの息子を科技大に入学させましたが、たくましく育ち自らの意思でメディカル系のベンチャー企業に就職しました。今後もベンチャー企業設立数及び就職率の高さが全国一になるような特徴ある大学になってもらいたいと思います」

佐々木敬介という光科学の世界的権威が、愛と情熱と命を捧げて取り組んだ「光大学」、千歳科学技術大学の建学精神である、

「日本でも世界でも例のない、光テクノロジーをテーマにした大学」

「構想段階からインターナショナルだった。そして、これからも」

「世界最先端を体感する四年間」

そして、佐々木敬介学長自ら手を差し伸べて、

「さあ、on your mark」＝位置について！　光テクノロジーの世界にようこそ、が千歳科学技術大学の本懐なのである。

第8章 佐々木イズムの継承と崩壊の危機

佐々木敬介学長の遺産

夢を賭けて創設した佐々木学長の千歳科学技術大学は、自らの学際での経験のすべてを投じての大学プランとなった。しかし、初代学長として建学精神に掲げた理念をキャンパスで実践しようとした矢先の余命宣告と病没。悔やんでも悔やみきれない思いが遺るひと時であったろうが、今に至る千歳科学技術大学に光テクノロジーの遺産はどう受け継がれているのか。

開学時、平成十年に光科学部（物質光科学科、光応用システム学科）で出発した当時は光テクノロジーが斬新的テーマであったため研究テーマも〝光〟をキーワードに国からの補助金に採択されやすかった。大学として共通のイベントは毎年秋に計画した千歳国際フォーラム（CIF）で、これは佐々木学長が提唱し、開学当初から光科学・テクノロジーを共通テーマに光の専門家を招待し、特にノーベル賞受賞者を特別講師に招聘した。そのために準備委員会において光関連の専門家を招待する議論を教授陣が行い、そこで光科学・テクノロジーに関する最新技術等の議論をしていた。

小林壮一もその責任者だった時に小柴昌俊先生、鈴木章先生を招聘した経験があった。また、各研究室は大学院生がポスターセッションで発表することを要請されており、光をテーマとした研究開発を大いに行っていた。

第一回の研究報告（紀要）では、佐々木学長の思いと研究活動を支援するホトニクスワールドコンソーシアムのことについて書いている。紀要は川辺豊教授（現所長）が開所以来まとめておられ、現在は第八巻まで発行され、各教授陣の研究テーマを知ることができる。

実践的な「人知還流・人格陶治」

千歳のような小さな大学では、ランニングコストがかかる大きな設備を抱えて継続的に研究を続けていくことは資金面で困難が伴うため、大学ならではの知識に加え、毎年必ず学生が意欲的に研究に取り組む仕組みがある（学部の卒業研究・修士や博士課程の学術研究）と言う吉田惇一教授は、佐々木学長が掲げた「人知還流・人格陶冶」に繋がるための産学連携の中で、社会の役に立つ成果を出すことを具体化した。

「NTT研究所でいろいろな企業の方とお付き合いさせていただきながら研究を進めさせていただいたという経験を、大学の立場に焼き直して新たに活動を進めようと考えました。そうした中で、二〇〇三年から日立製作所との共同研究として積雪寒冷地型太陽電池発電実証実験が始まり、北海道に代表される積雪がある北国に適した太陽光発電設備を目指して、世界で初めて実用レベルの効率を実現した同社開発の両面受光型太陽電池を使って本格的に発電実験を行いました。その結果、積雪による反射光と周囲の間接光が発電量増加に相当量の寄与があることを示し、通常でも設置方位と設置角度の両方で地面反射を最大限取り入れる設計が必要なことを定量的に明らかにしました」

吉田教授の牽引のもと、研究は最近まで続き、多くの学生が企業とのコラボレートを体験しつつ自らの知識や経験を高めることに大いに役に立っている。

また、ＬＥＤによるハーブ（ルッコラ）栽培の研究がある。これはハーブの商品開発を行っている研究所から、ハーブのビタミンＣ含有量を三倍に高めることが可能になれば大ヒット商品になるという提案が動機で始まった。つまり、ハーブの中でも、単位重量あたりのビタミンＣ含有量が多く、サラダに混ぜて直接食べる機会も多いルッコラを選択肢として、産学連携研究の一端として始めた。二〇〇二年の研究開始当初は、ＬＥＤによる植物栽培（現在でいうＬＥＤ植物工場）の研究がまだマイナーな存在であったが、多くの学生が企業の支援を得て逞しく成長している。この研究は対象こそ若干変わったものの現在も継続されている。

また、吉田教授は故緒方直哉第二代学長が率いた「生物由来ＤＮＡ薄膜を応用した有機光デバイス産学連携研究プロジェクト」のメンバーとして、日本の企業と連携し国際的な競争と協調のもと研究を進めてきた。緒方学長は佐々木敬介先生とも親しく有機化学の分野で海外も含めて著名な先達であり、さけの白子由来のＤＮＡ薄膜という北海道ならではの材料とそれが持つ有機材料としての特殊性から、学会でも大変な注目を集めることになった。

「この研究は、学生にとって卒業論文発表終了後も、学会向けの発表をめざして最後まで目標に取組むということが何度かあり、一緒に研究に参加した学生は社会に出る前の貴重な経験になったのではないかと思います」と学生との取り組みを高く評価する吉田教授。佐々木イズムの実践例として思い出深い機会であったという。

双頭の陥穽

千歳科学技術大学の専務理事として開学を担っていた坂本にとって、咽喉に突き刺さった小骨のような悔恨が心のかさぶたになっていた。とりわけ不可解なことは開学時、光技術の世界的な拠点形成をするのだと提唱する佐々木先生の呼びかけに共鳴し、「全員が一致協力して研究目標に取り組むことが、本学の生き残る唯一の道である。大学の成果をベンチャー企業で事業化し、光技術のクラスターを形成しよう」と佐々木学長が教職員に訓示した折には、自ら進んで学長の訓示を忘れない様にと呼びかけていた理事長が、学長の死後ひと月も経たないうちに教員がベンチャー企業に関るのは怪しからんという方針を打ち出したのである。

小林壮一教授が大学発ベンチャーのフォトニックサイエンステクノロジ株式会社を立ち上げたとき、理事長から「教員がベンチャーの設立に携わるのは良くない」と注意された。既に同社を設立した後であり、難を逃れた。

その後、ベンチャー企業設立を発意する教授も減り、佐々木学長が掲げた大学発ベンチャー起業との繋がりは衰退していった。

大学開学後、坂本は専務理事と事務局長を兼任していたが平成十三年三月末、坂本は理事長に呼ばれ、「東川市長が坂本専務を千歳市に戻してほしいと言ってきた」と通告した。坂本は、在職二年にして千歳科学技術大学を去ることになった。

実は坂本退任の背景には、「教職員が坂本専務理事に恐怖心を抱いている」と書かれた匿名文書が理事長に送り届けられたことが後から判明した。

佐々木学長亡き後に教育主体の大学運営を行いたい人達にとっては建学の精神と事業化を堅持する坂本の存在は眼の上の瘤であるが、余りにも卑劣極まりない行為であったと思う。

中国のことわざに「水を飲む時は、井戸を掘った人を忘れてはならぬ」とあるがこれらに関与した人達には遅ればせながらもこの言葉を贈りたい。

学内方針と変化

開学以来の大黒柱を失ったにもかかわらず建学精神を尊重した学内方針であったはずだが、二十年という歳月は佐々木イズムをどのように展開させたのか。吉田教授は自身の反省を込めてこう語る。

「大学内部の運営方針に関することは、ごく限られた人たちだけで決められていたようで、新設大学なのに旧態依然とした運営のように個人的には感じていました。私が働いていたNTT研究所は企業の研究所であり、常に組織や人や運営に革新を追及していましたので、特色ある大学の発展に向けた大学運営の弊害はその部分にあると思っていました。しがらみのない新設大学という利点を活かして、はじめから企業運営と同じ考え方を取り入れてチャレンジする大学を実践すべきでした。

そうはいっても佐々木先生が目指した大学の使命「人知還流・人格陶冶」に向けて一歩

ずつやるべきことはやらねばならないと思っていました。大学に赴任する前に佐々木先生から直接依頼された講義「光科学概論（一年生の必修科目）」では、初めて大学の門をくぐったフレッシュマンに「大学で学ぶことがこういうふうに世の中の役に立っているんだよ」、「世の中にはまだまだ君たちが知らない不思議な現象や事象があって、それを勉強してもっといいものに結びつけるのが、君たちが大学で勉強することの究極の目的・目標だよ」ということを言葉ではなく体験として自然に身に付けてもらうように、多くの企業人の助けを借りて、実社会を見てもらえる講義を実施しました。外部の人を呼んで講義していただくには費用も発生しますが、多くの友人・知人たちがボランティアで協力してくれたことは大変感謝しております。そして、この講義の最終回には、講義に参加していただいた外部の方々にももう一回来ていただき、学生同士がグループを組んで考えた将来技術や夢を発表して講評してもらうという時間とし、学生自らが責任を持って考えるという態度を養ってもらうことも狙いにしました」

吉田教授は、自らの狙いが成功したかどうかは定かではないが、地元の新聞には発表会の様子が、千歳科学技術大学の新たな試みとして紹介されていることを挙げている。

自主的な取り組み

吉田教授の初めての試みとして打ち上げたケースとして自ら事例を挙げている。

①自分の授業の授業評価アンアケートを実施して次年度の講義に反映（これは今では全講義についてやるのが当たり前のようになっている）。

②自分の学科（当時の光応用システム学科）の先生方に原稿を依頼して学科アニュアルレポートの編集と発行（一九九九年度版から。その後、物質光科学科でも発行がはじまり、千歳科学技術大学年報を経て現在では千歳科学技術大学紀要として毎年発行が継続）。

③面白そうな研究や話題をお持ちの先生方を口説いて市民公開講座の開催（二〇〇一年一月に第一回を開催、その後継続的に開催）。二〇〇三年二月にはNTT研究所の光トライアルネットワーク千歳実験に便乗させてもらい、大学と千歳市立図書館を結んで遠隔映像相互伝送による公開講座も実施（市民公開講座は、現在では大学の正式な地域貢献メニューの一つとして、千歳科学技術大学市民公開講座が年間三、四回程度

実施されている)。

④千歳市の青葉公園で毎年開催されている生涯学習まちづくりフェスティバル「ふるさとポケット」へ大学有志として継続的に参加。会場の一角で子供向け理科実験を学生たちと一緒に実施。これは、長谷川誠教授の応援があってこそ実現できたもので、大学の持っている知識を活用して子供の時から科学に親しむ環境を育成しようという長谷川教授の強い意志の表れで、大変感謝している。長谷川教授のこのような活動は、現在では千歳科学技術大学理科工房というクラブ活動として継続的に展開され、千歳のみならず札幌等広く他都市にも活動範囲が広がり大忙しの日々となっている。他にも故石田宏司教授のレーザ実験や当時ソーラーカー部部長の宮本博文教授の協力でテレビ紹介された大学のソーラーカーを走らせていただくなど、市民に向けて大学の存在を大いにPRできたと思う。

「これらの試みは誰にことわることなく勝手に始めたことであるが、大学教員のみならず大学事務局の担当者の方々も、その意義を理解しご協力いただけたことが大変大きかった。周りの理解と助けがあって現在まで継続されているもので、佐々木イズムとは若干違うかもしれないが、みんなで千歳科学技術大学を盛り上げていこうという目に見えない共通認識・結束が存在していることの証明でもある」

吉田教授は、一人の力ではできないことであるが、「人知還流」の意義を行動に移すことも大学の使命として収穫を得たと総括する。

一方、外部との交流は技術系の教員だけに止まらず、教養系の教員も活発に展開している。中国の名門校復旦大学出身の王康建教授は、日本と中国の比較文化を専門とし、千歳科技大教授として、林真理子の作品を中国語に翻訳し中国で大評判を博していた。また、彼は、市民講座にも積極的に参加するほか、地元紙の千歳民報に中国文化の紹介記事を連載するなど、千歳市民との交流に汗を流すことを惜しまなかった。

ホトニクスワールドコンソーシアムの法人化

国のプロジェクト（国プロ）、特に経済産業省プロジェクトでは国の委託費は一旦管理法人が管理し、企業に再委託する構造になっていた。

このため、当初は千歳科学技術大学もＰＳＴＩも管理法人としての実力がなかったため、札幌のノーステック財団に依頼し管理法人になってもらった。

しかし、国プロの管理運営を他の機関に依存せずにＰＷＣが窓口となることが最善であると判断し、ＰＷＣの事務局を務める千歳市の担当者の努力により、平成十三年六月にＰＷＣを特定非営利活動法人（ＮＰＯ法人）化した。その後、ＰＳＴＩと千歳科学技術大学は共にＰＷＣを管理法人としてお互い協力し、国プロを獲得していった。

会社運営に際して、小林は各社からの支援をこう回顧する。

「特に光ファイバアレイ関連技術では東北の北日本電線（株）には大いに支援してもらうことになった。北日本電線は私が武蔵野研究所時代から世話になっており、特に小野寺、八巻両氏にはＮＴＴ時代、ＰＩＲＩ時代、ＰＳＴＩ時代と三世代に亘っての協力をいただき、現在も荻野本部長、佐々木部長両氏にお世話になっている。また、北日本電線の山下、宮田両君と、弊社須田君、藤井君とは共に小林研出身で、良き連携をとってビジネスを円滑にすすめている。国のプロジェクトやＰＳＴＩ業務を推進するに当たり多くの方々にお世話になった」

ホトニクスワールドコンソーシアム（ＰＷＣ）の成果

ホトニクスバレー構想を実現すべく設立されたホトニクスワールドコンソーシアムは、小松川浩教授が取り組んだ教育連携プログラム「ｅラーニング」として実を結んでいる。この一端について、小林はこう経緯を語る。

「ホトニクスワールドコンソーシアムの事業には我々が純粋に光技術で国プロを取ってきてホトニクスワールドコンソーシアムが管理法人になり運営する形の事業と、ｅラーニング事業のようにコンテンツを大学の先生が作りそれをホトニクスワールドコンソーシアムが管理販売する事業があります。佐々木先生は研究としては光テクノロジーを提唱されていましたが情報系の学科の設立も希望されていましたので情報系による事業が活性化することも喜んでおられると思います。設立以来、千歳市の産業振興課から二名の方に来て事務全般を見ていただいており、佐々木先生の意志を継いで支援していただいているので千歳市には大変感謝しております。

一方、ホトニクスワールドコンソーシアムは、医療分野の研究開発でも国プロの管理法人ともなっている。その極めつけは、光バイオ学科の李黎明教授が提案した「胃がんセンチメルリンパ節診断用近赤線蛍光画像腹腔鏡システムの研究開発」で、経済産業省の戦略的基盤技術研究開発事業に採択され、医療系大学や医療機器メーカーと連携して製品化に取り組んでいる。

中島博之の実践

小林も佐々木遺産として触れている通り、日本版シリコンバレー構想の中軸となるのが産学官共同研究ホトニクスワールドコンソーシアムである。平成十三年にＮＰＯ法人化され、同二十八年度には産学官共同研究推進・支援事業として①ｅラーニングセンター事業や千歳地域ＡＰＳ事業、研究クラスター事業、②学術支援・国際会議等開催事業として光テクノロジー応用懇談会、コーディネート活動事業、③広報・啓発等社会教育活動事業等を行っている。

同年第一回の「eラーニングセンター会議」を開催し、電気メーカーはもとより教科書会社の参加も得て、企業と千歳科学技術大学との連携による活動内容の拡大に取り組み、新たな分野での活用を継続させている。

同二十九年には、千歳産官学連携事業実行委員会主催による、千歳科学技術大学、ホトニクスワールドコンソーシアム、千歳商工会議所など七社パネルディスカッションが行われ、確実に裾野を広げていた。

このネットワーク作りに奔走しているのが、ホトニクスワールドコンソーシアム理事でコーディネーターを担う中島博之である。千歳市内の企業を集約する「千歳工業倶楽部」の企業を訪問して事業内容を精査し、千歳科学技術大学が目指す光技術との連携を模索するコーディネート活動を実践した。光技術とは直接結びつかない企業には、学生のインターン受け入れを模索し、新たに光技術を活用する連携の可能性を探るなど、ホトニクスワールドコンソーシアムが果たすべき役割の一端を足で稼いでいた。

あるいは、平成十五年度にスタートした千歳市地域ポータルサイト「ハローちとせ」では、ITを活用した地域振興のモデルを同二十九年から全面リニューアルし、これまでに十万回のアクセスを達成するといった、ホトニクスワールドコンソーシアムのコーディネートによる成果もあげていた。

いまこそ建学精神に立ち返る時

大学の使命は、従来は教育（普遍的知識の普及・修得）と研究（新しい学術知識の探求）であったが、現在はこれらに社会貢献（大学が有する知識・技術の社会への還元）が加わっている。佐々木先生が千歳科学技術大学の建学精神として「人知還流・人格陶治」を定められたのは二十年も前のことで、これが佐々木イズムの本質と考える。

吉田教授は現場に立つ身としてこんな希望を託す。

「千歳科学技術大学は、開学当初からこの精神を高く掲げ、これを「進取の気性」で実行することを目指したが、佐々木先生の没後は必ずしもその意志の伝承が万全ではなかった。今後は、公立大学への移行に伴い地域貢献がさらに重視される大学であるとともに、それが見える大学でなくてはならない。新しい葡萄酒は新しい革袋に入れろという言葉の通り、「人知還流・人格陶治」の精神をもう一度振り返り、教育・研究・地域貢献のすべて新たな感性で進んでもらいたい」

光に賭けたサムライたちにとっては、悲願の開学を経て二十年、佐々木イズムへの思いを熱くするが、いまこそ建学精神に立ち返って飛躍を図る絶好のチャンスではないだろうか。

第2部
ベンチャー活動実践編

第9章

「光」ベンチャー第一号

第一歩

当初、坂本にとって、千歳科学技術大学の設立に当たっては、教員の確保が最重要課題であった。研究者や学者についてはは全く人脈を持っていないため、学長予定者の佐々木教授に一任していた。佐々木教授は、自分の教え子や研究仲間の人材を中心に新大学での教員就任を要請。その中に、NTTに勤務する教え子、小林壮一がいた。

小林は、昭和四十六年春に慶應義塾大学大学院を卒業してNTTに入社、平成二年からNTTグループ企業である米国PIRI社に在籍していた。NTT在籍時は、一九六九年から二〇〇〇年まで（NTTエレクトロニクスも含む）光ファイバ製造法、半導体レーザ、光インターコネクション、光合分波器など幅広く光技術の研究開発と実用化に携わる、光技術のプロフェッショナルであり、新大学が標榜する光技術の世界的拠点を構築する上で最適な人物であった。

そこで佐々木教授が、千歳の大学に来ないかと教授就任の話を持ちかけたところ断られる結果となった。というのも、佐々木教授の専門は有機材料分野で、新設大学の研究開発はプラスチック光ファイバ（ＰＯＦ）技術を柱に据えて展開しようとするものであった。一方、小林が所属するＮＴＴは、光通信用の無機材料である石英ガラス製の光ファイバが専門であったため、取り扱う分野が違っていたのである。

しかし、佐々木教授は何としてでもこの有能な人材を確保すべく、再度、教授就任を要請したところ、

「私は、将来ベンチャー企業を立ち上げたいと考えているので、許可いただけるのであれば、千歳に行きましょう」

との条件付きでの返答を受けて、開学三年時に教授として就任することとなった。

文部科学省に大学の設立申請書を提出する際、坂本の下に佐々木教授から上記の様に説明があり、分かりましたと二つ返事で引き受けたことが、フォトニックサイエンステクノ

ロジ㈱（ＰＳＴＩ）設立の発端となっていた。

ただ、事実は少し違っていたようだ。二度目は、小林の方から「千歳の大学教授の枠がまだ残っているのならば、引き受けたい。ただし、有機のＰＯＦではなく石英ガラス製の光ファイバの研究開発をすることが条件です」と願い出たとのことのである。坂本がこの事実を知ったのは、後に小林から直接聞かされた時だったが、前段の経緯しか伝えられていない坂本は頑なに約束事として捉えていた。

学長の遺言

思わぬ事態に直面したのは、佐々木初代学長が千歳科学技術大学の開学した三月、不治の病で入院され、余命は三ヶ月程と宣告されていたことである。佐々木学長を慕って千歳に来る決心をした小林にとってもショックであったに違いない。つまり、自らの就任予定の時には肝心の佐々木学長は存在しない。それなら他の大学に向かうことも考えられたのだが、大学設立認可の際の名簿に登録した教員は、他の大学との兼任ができない仕組みになっているため、行き先は千歳科技大だけに固定されていたのである。

また、教授就任で約束したベンチャー企業の件は、約束した本人がいなくなってしまえば、話の持って行きどころがなくなってしまうに違いなかった。

開学式を終えて間もなく坂本は小林と日立製作所の今村陽一、客員教授であった吉田淳一に、

「佐々木先生との約束通り、光技術のベンチャー企業を立ち上げたい」

と声をかけると、「是非やりましょう」と共鳴され、新会社の設立準備を始めたのである。もちろん小林を社長にすることは周知のことであった。七ヶ月後の十月十五日、佐々木学長は息を引き取られ、新会社設立に直接携わることはなかったが、坂本も、今村、小林、吉田も、佐々木学長が提唱した「人知還流・人格陶冶」の学是を実現するためには、世界初の光技術専門大学の技術シーズを製品開発に繋げ、社会に還元させる先導的なベンチャー企業が不可欠であり、それがホトニクスバレー構想の実現にも繋がるのだと、新会社設立に大きな期待を寄せていた。

ベンチャー設立の憧れ

そもそも小林は、なぜベンチャー会社をやりたいと思ったかである。まずは、大学の研究室時代に遡り、先輩で慶應大学の中島真人名誉教授の影響が大きいという。中島教授は大学院時代から立体写真（ホログラム）や光センサーに関連したベンチャー会社を設立し、小林がＮＴＴの武蔵野研究所で光ファイバの研究を開始した当初も大学に呼ばれ時々ディスカッションしたことを記憶していた。

さらにもう一つの要因はＰＩＲＩ（Photonic Integration Research Inc.）社の存在があった。ＰＩＲＩ社は一九八七年にＮＴＴ、三菱商事、バッテル研究所の三社の合弁会社としてオハイオ州コロンバスに創業された。小林は社長である茨城研究所の先輩である宮下忠にお願いして自分もＰＩＲＩで働くにはどうしたらいいか問うたところ、光回路は何とかできるが光回路と光ファイバを結合する技術がないのでその技術を完成できたら持ってきてほしいと依頼された。そこで茨城研究所で約二年間接続の研究開発を行い、一九九〇年四月ＰＩＲＩに赴任した。

三年間技術的問題を解決し、光スプリッタデバイスが軌道に乗りつつあったので宮下に営業の仕事も経験したいと申し出て、ヨーロッパではAndy Spectorと三菱商事の人と、北はフィンランド／ヘルシンキから南はイタリア／ミラノまで光信号を各家庭に配るためのスプリッタを持参してお客さん発掘に回った。

その折に、佐々木先生がコロンバスまで来たのである。以上の背景があったため、大学に行った時はベンチャーを創立したいと願っていたのである。

社名「フォトニックサイエンステクノロジ㈱」

会社の設立に当たっては、資本金、事業内容、発起人、定款認証などが義務付けられており、ベンチャー企業と雖も例外ではなかった。平成十一年五月末、小林から坂本と今村に、新会社設立の叩き台が送られてきた。

この案を念頭に置いて、趣意書と株式定款の内容を相次いで作成した。

設立趣意は、

①大学研究成果を卒業に結びつける為の先導的な試みであり、これにより事業化に関するノウハウを身につけると共に、千歳科技術大の学生が自らの手で新事業を興すきっかけとなる。

②周辺地域に光関連企業の立地促進のトリガーになる。

③学生の有意義な雇用の場を提供すること等を意図した。

会社形態は、株式会社とし資本金一千万円で全て個人エンジェルによるもので、大学関係者四名、企業関係者五名の九人とした。この中には緒方直哉（二代目学長）、雀部博之（三代目学長）の出資もあった。

定款の目的は、

①光回路、光部品の製造及び試験装置の製造・販売・輸出入

②光回路、部品の研究開発受託

③産学官共同研究コーディネート等

代表取締役小林壮一が社名をフォトニックサイエンステクノロジ社と命名した。平成十一年十二月二十二日、東京にて発起人会を開催して設立した。

事務所開設

発足当時の本店は、小林社長が住む千歳市末広八丁目九番三号としたが、研究開発業務は千歳科技大の小林研究室で行っており、経理庶務の事務は坂本の自宅で処理をしていたので、事務所を構えずにいたが、来客対応の問題もあるのでどうしたものかと思案している時に、千歳市商工観光部企業誘致課の島崎課長から、

「金物屋を経営していた妻の実家の店舗が空いているので、事務所にしませんか」

との提案があった。場所は、千歳市東雲町五丁目二三番地で千歳市消防本部が近くにあり、市役所からも三百メートルほどの距離で利便性もよいため、ここを新たな事業拠点として借り受けることにした。平成十二年の春頃の話である。出費を抑える為に事務用の机と椅子はリサイクルショップから一脚五千円程度で購入し、冷蔵庫は今村監査役が中古品を寄付してくれた。そして五月十二日、この場所で平成十二年度株主総会を開催し、同時に事務所開設の祝杯をあげた。

この時、株主の小野寺文夫が、

「公務員とNTT研究所出身者がベンチャー企業をやってうまくいくのだろうか」

と、冗談交じりに疑問を投げかけていたが、ほどなくしてこの杞憂が現実となってくるとは、坂本自身想像だにしなかった。この東雲町の事務所は、平成十四年六月、千歳市柏台南一丁目のアルカディアプラザ四階に移転する迄の二年間、営業拠点となった。

スタート時の経営

しかし、スタートはしたものの、従業員もいなければ事務機器もない。

創業が一月十一日なので、会社設立の平成十一年度は、年度末まで三ヶ月しかなく、初年度の収入は、預金利息の三百四十円に対し税金一万円の支出で、収支決算は九千六百六十円の損失となった。

こうした中、社長の小林と副社長の坂本とで、どのような会社にすればよいか意見交換し、キーエンスのようなファブレスの形態が良いのではないかという話になった。これであれば、多勢の従業員を抱える必要がなく、大きな設備も工場も必要がないので、小さなベンチャーでも十分に対応が可能であろうということであるが、具体的な取り組みに触れるまでには至らなかった。その後会社は、光部材の専門メーカーに成長していくことになる。坂本は、

「私はアカデミックな事柄や光技術などの専門分野には全く疎いので、学術的、技術的な面は一切口を出さず小林社長に一任し、事務と経理の分野だけを受け持つこととした」のである。

一方、大学の開学に向けて全力投球してきた日立製作所の今村陽一は、営業を離れ社長直轄の新事業開発を担当する立場になっていた。

「日立でも新事業立ち上げについては、研究所の技術をどのように事業化するか、産学連携をどのように行うべきか等の課題があり、ＰＳＴＩの対応は、まさに具体的なモデルとして大変興味深く、公私ともに重要な対象となっていましたね」

新事業開発の点からもモデルケースとして、積極的に向き合っていたという。しかし、その後今村はインドに転勤となり、エンジニアリング会社を設立して社長として活躍していたが、その間はメールにて経営指導をしていた。六年ほどのインド駐在後は個人的な時

間を利用してＰＳＴＩの監査役兼相談役として「顧客との面談や交渉も行うことにしていた」という。

最初の事業

二年目に入り、平成十二年五月頃に、北海道中小企業振興基金協会から電話があった。担当者は、坂本が新千歳空港周辺のプロジェクトを担当していた時に、北海道商工労働観光部の係長だった人物で、旧知の間柄であった。

「基金では、研究開発支援事業を推進しているが、制度化して間もないこともあり、応募者が少ない状況である。助成率は事業費の二分の一で五百万円が限度であるが、ぜひ応募してほしい。光技術の研究開発であれば、北海道の先端技術産業の立地に結びつくので、いいことではないかと思います」

との説明を受け、坂本は即座に初事業として研究開発への応募を決め、小林社長が提案書をまとめた。テーマは、『光通信用波長多重化光ファイバアレイの研究開発』で、総事業費を一千万円に設定した。

ところが、採択確実であろうとの自信があったものの、審査会の結果は不採択となった。審査委員の中に、光ファイバ技術を理解した人物がいなかったことと説明が難解だったことが原因となっていた。しかし、第二次募集の段階に入ってなんとか採択に漕ぎ着けた。これがＰＳＴＩ最初の事業となった。

一方、事業費一千万円のうち、五百万円は事業者負担であるため、資本金の中からこれを支出すると、一年間で五十％の資金を使い果たすことになる。株主総会では、取締役と監査役の報酬限度額を決めてはいたが、坂本を含めて皆が別に職を持っていたためＰＳＴＩからの支払いは不要となり、僅かに事務所経費はあったものの、この研究開発費以外の支出は殆どなかった。ただ、手持ち資金が一挙に半減することにより、今後の資金運営に大きな影を落とすことになった。坂本もこの時点では資金繰りの恐怖をまだ自覚するに至っていなかった。

初めての売上

平成十三年度に入り、北海道大学からテーパファイバの作製依頼があった。ファイバ長は二㎝、中心部を二㎛に細径化するというもので、フェムト秒レーザ光の非線形現象を観察する目的とのことであった。卓上型の線引き装置にセットした光ファイバを、ガスバーナで加熱し顕微鏡で確認しながら作製するという、ミクロの作業である。製品としてのテーパファイバは出来上がったが、問題はどうやって運ぶかである。テーパ部が細すぎて裸眼では見えず、微弱の震動で容易に切断するという代物であった。社内で知恵を巡らせ、何とかケースに収納することができた。価格は一台三万五千円での納品となった。これがＰＳＴＩの初出荷であった。

この年の営業収入は、北海道大学向けを含めた細径光ファイバの売上約四百万円に止まったが、大学の技術シーズが初めて社内製品化となった記念すべき年となった。

社員第一号

千歳科学技術大学の第一期生は、平成十四年三月の卒業である。この前年の秋頃、小林社長から坂本の元に、

「緒方学長の研究室の学生がＰＳＴＩに入社したいと希望しているが、採用できるだろか」

との相談があった。給料はいらないとのことである。名前を高橋寛といい、佐々木アワードを受賞したトップ成績の学生であった。

坂本は早速本人から話を聞いた。

「科技大の大学院に進んで光技術の研究開発をしたいが、学部学生と同様に授業料が必要である。ＰＳＴＩに就職すれば、会社の業務を行いながら現職の大学教授の小林社長から光技術の実務を学ぶことができるので、大学院に行く必要がなくなり、大学院の授業料も不要となる。従って、ＰＳＴＩに無給で働いても、授業料分が浮くので助かります」

という筋書きであった。ただ、いくら会社にとってありがたい話でも、大学設立時の責任者であった坂本にとって、その卒業生を無給で雇う訳にはいかない。妥協案として、給

料が安くてもよければという条件で採用することにしたのである。幸い、平成十三年度から経済産業省所管の即効型地域新生コンソーシアム研究開発事業に採択され、「光通信用波長多重化光ファイバアレイの研究開発」のテーマで事業に取り組んでいたため、研究員としての人件費を確保することが可能であった。主な仕事は上記の研究開発の研究員として、小林社長の指導のもとで研究の実施計画を進めることであった。

高橋は二年半ほど在籍し、平成十六年の末に退職することになった。坂本は惜しい人材を失ったと思ったが、興味の中心はものづくりではなく研究開発にあったようで、噛みあわない時期でもあった。しかも、この時点で会社がどの方向に進んでいくのか五里霧中の状態でもあり、会社の将来に不安を持った結果であったことも考えられた。

新たなる戦士

平成十五年夏、千歳臨空工業団地に進出していた部品メーカから、製品開発の協力願いがあり打ち合わせを行った。その帰り際に、小林が自分の研究室出身者がここに就職しているので、会っていこうということになった。名前は須田俊央といい、千歳科技大の第二期生である。経営が厳しく、やりがいのある仕事でもなく転職を考えているとのことであった。それならば弊社に来ないかと誘い、同年九月末にＰＳＴＩに迎え入れたのである。この彼が押しも押されぬＰＳＴＩの大黒柱に成長したことを考えると、掛け替えのない宝物を得られたと思う。

　平成十七年に経済産業省の大型プロジェクトが公募された。単年度予算三億円で十九年度までの三年継続事業である。

　この時期に、また新たに飛切りの宝物が舞い降りてきた。千歳科技大一期生で小林研究室のＯＢの藤井雄介という人物である。科技大を卒業後に大手製造装置メーカーに勤務していたが、体調を崩して北海道に戻りたいとの意向であった。これまでの研究開発では、ＰＳＴＩには研究員として小林社長と高橋の後に入社した須田の二人しかおらず、不足分は科技大の学生アルバイトで凌いでいたが、そろそろ限界に達しかけていた時分である。まして国の大型プロジェクトに挑戦するとなれば、人材の確保は必須条件となる。しかし、光技術の専門大学と雖も千歳科技大では、光製品の実装技術を教育する研究室は小林研究室以外に殆どない状況であったので、国プロの推進役を果たせる技術者の発掘は極めて困難であった。そこに藤井がひょっこりやって来たのである。藤井は先の会社で機械装置の管理を担当していたのでメカニカル技術に精通しているほか、化学に詳しく、更に科技大で光技術を修得していた。小林教授の求めに応じて平成十七年四月、藤井はＰＳＴＩの社員になった。

この後、藤井はこの三つの技術を融合的に応用し、ＰＳＴＩの技術開発に大きな貢献をすることになり、須田に次いで掛け替えのない二つ目の宝物をＰＳＴＩは獲得したのである。十七年度の国プロは残念ながら選外となったが、翌十八年度には藤井、須田両名の尽力で無事採択となり、これが今後のＰＳＴＩの事業運営の大きな柱となって成長していくのである。

このあと、平成二十八年からはまた有力な人材が仲間に加わった。宮川俊紀と阿部人士の二人である。宮川は茨城県の光関連企業にいたが光部品の売り上げが伸びず配置換えを機に北海道に帰ってきた。阿部は四年生の卒論とＰＳＴＩ開発製品が酷似。父親の病気で北海道へ戻り観光協会で働いていたがタイミング良く来てくれたのである。

増資

ＰＳＴＩは、平成十二年一月に設立登記を終え、細々と事業を始めた。運営資金は設立時の資本金一千万円である。最初の三年間は、財団と経産省研究プロジェクトもあって無難に乗り切ったが、平成十五年度に入って雲行きが怪しくなってきた。会社の立ち上げから数年経ったが、開発製品は唯一テーパファイバのみという状況で売り上げが殆ど立たなかったからである。年度途中で虎の子の資本金が底を突く事態が予想された。止むを得ず臨時株主総会を開催し、新株発行を決議した。発行価格は設立時と同じ一株十万円で、増資額は千二百三十万円である。既存株主の他に新たに六人の個人エンジェルがこれを引受け、会社の資本金は二千二百三十万円となり、十五人の個人株主となった。これで何とか緊急事態を回避できたのである。

PST-net誕生

小林教授の指導で国プロ等の研究開発を進めていくと、光ファイバを製造する電線メーカー以外は、大手企業と雖も光デバイス関連の製品開発部門は意外と少人数の組織のようであった。また、光製品に関する技術的な相談窓口となる組織も見当たらなかった。内閣府所管の財団法人光産業技術振興協会では、「社会的ニーズに適応する光産業技術の調査、研究、開発、標準化及びその成果普及を通じた光産業技術の総合的な育成、振興」を目的に技術年鑑の編集、講演会・展示会の開催など実施しているが、製品化の取り組みや光ビジネス展開等の実務についてい ては疎遠であったのだ。そこに坂本は勝機を見て取った。

「それならば、PSTIが世話役となって、光ビジネスの展開を目的とした企業連携組織を立ち上げることができないか。その中で光技術関連製品に関するアドバイスやヒントを貰えれば、中小企業に限らず大手企業にとっても有益ではないか。結果として、PSTIにとっても技術動向や製品開発動向の入手の他に、営業活動の場としても大きなメリットとなるに違いない」

小林社長に進言したところ、

「それは素晴らしいアイディアなので是非実現させましょう」

ということになり、規約案をまとめた。平成十三年十月十九日、十六社の会員で企業連携組織「PST-net」が発足したのである。PST-netの設立は、その後のＰＳＴＩの情報収集と事業活動に大きな役割を果たすこととなった。

第10章

〝国プロ〟での実践

提案書のモデル

増資に先立ち、事業資金確保のために国プロを獲得すべく、小林社長は尻を叩かれて次から次と応募したが、残念なことにことごとく空振りに終わった。研究テーマは斬新的で魅力があるのにどうして採択されないのかと首をかしげていたが、提案書の書き方にヒントがあるに違いないと気が付き、国プロの採択実績を有していた東京農工大学の黒川隆志教授に相談することになった。黒川教授は小林社長と昵懇の間柄であった。

秋も終わりに近づき、国プロの公募はもう殆ど終了し残るは総務省の事業のみとなっていた。最後の望みをかけ、黒川教授から送られてきた資料をテキストに作成した提案書を提出し結果を待っていたが、いつまで待っても採択につきもののヒヤリングの通知がこなかった。不採択を観念し、急遽前記の新株発行を決議したのである。

ところが、年の瀬になって、思いもよらない朗報がもたらされた。総務省から採択の通知が届いたのである。小林も坂本もキツネにつままれた思いであったという。この年は提案書のヒヤリングが省略されていたのであった。しかも事業期間は平成十九年度まで五年間の継続事業である。先の増資といい今回の国プロ採択といい、これでＰＳＴＩを覆っていた暗雲は払拭されることになった。

この総務省の提案書がモデルとなり、その後も絶えることなく国プロの採択を受けることができたのである。それは、提案書の書き方を指導してくれた黒川教授のお蔭であると小林は述懐する。

〝国プロ〟等の採択と成果

千歳科学技術大学と大学発のベンチャー企業第一号として設立されたＰＳＴＩにおい

て、これまでに受注した研究開発事業について紹介する（巻末参照）。具体的には、平成十二年から同二十八年までの十六年間で、二十案件の研究開発事業を受注する実績を積み上げていた。

国プロ関連製品の事業化の推移を見てみると、二十六年度までの実績は巻末表（国プロによる研究成果と開発品）の通りである。この表で、各研究テーマに共通する開発製品は二十品目を超え、後年の平成二十九年度までを含めると、売上高累計は、優に三億円を超える実績となった。


採択されたサポイン（戦略的基盤技術高度化支援事業）の継続事業として、平成二十七年度実施計画を経済産業局に提出した際、地域経済部の東川部長から呼び出しを受け、「ＰＳＴＩは国の研究事業を毎年のように採択されているが、採択が偏っているのではないかと、他の企業から訝しがられている。事業化はどの様に進んでいるのか。それが疎かにされているようなら二十七年度の継続事業を取り消すこともありうる」

と指摘されたことがあった。

坂本としては選択が偏っていると勘ぐられても、それは提案内容が優れているからであって、非難にはあたらないのである。事業化とは、商品として販売することを指しており、前述の表は、その時の説明資料として作成したものである。先にも述べたとおり、研究期間が短期間のため研究成果としてはどうしても試作品の作製で手一杯となる。

また、試作品を顧客企業の仕様に適合させるには、新たに技術開発を伴うことが常で、その費用の確保が課題となってくる。更に、購買予定をしていた川下企業の事情で、計画が先延ばしになることも頻繁に起きてくる。思惑通りには進まないことが要因なのであると弁明に努めることになった。

指摘されたものの、研究開発計画では、事業終了後の事業化スケジュールを説明して採択はされたが、上記の様に事業化に結び付つくまでのハードルが高いのも事実である。平成十三年度の国プロで、採択された案件があった。事業終了して三年経ったある日、会計検査院のヒヤリングがあった。事業化状況のフォローアップ調査である。坂本と小林社長と須田の三人で応対した際、

「東京の光部品メーカーから引き合いがあり、研究開発の試作品を持って本社を訪問すると、海外企業向けのパンフレットに掲載するとの話であった。結局は、顧客からの注文がなかったが精力的に営業活動を続けている」

と説明すると、その内容を盛んにメモしていた。検査官の話では、

「研究開発事業の殆どが事業化に結び付いていないのが実情である。ＰＳＴＩの様なケースは珍しいので、今後とも注目していきたい」

とのことであった。

その様な状況の中、金額は少ないが、ＰＳＴＩは着実に売り上げを伸ばしていた。事業推移については、今村も一定の危惧を抱いていた。というのも、設立当初は明確な事業計画はなく、研究開発が中心となっていたからである。

「少ない資本金だけでは人件費は出るものの、設備を購入する余力はなく大きな課題でした。しかし幸運にも大学の研究活動やベンチャー企業の事業化にフォローの風が吹き、さらにホトニクスバレー構想も注目されて各種国プロの補助金が得られたと思います」

この資金を得て、事業目標の明確化や具体的製品開発、顧客開拓等が図られ企業として自立できるように成長したのも事実であった。ただ、今村も国プロのみに依存する体質では、簡単に成長を遂げられるとは考えていなかった。

「ベンチャーを技術シーズから立ち上げるには十年近い年月と、多額の開発資金が必要である。その為に国プロの資金は大変ありがたいが営利企業として事業収益で自立し、国立

研究所の様な運営からいち早く脱皮するように」と機会あるごとに苦言を呈することも忘れなかった。

光ファイバ製造一貫体制構築

光ファイバは、プリフォームと呼ばれるガラス棒を加熱・延伸して作製するが、その加熱・延伸装置を線引き装置と言い、平成十八年度のモノづくりプロジェクトで導入することができた。また、平成二十年度からの国プロで、プリフォームを製造するＶＡＤ（Vapor-phase Axial Deposition：ＮＴＴが開発した光ファイバ製造方法）装置を導入し、光ファイバ製造の一貫体制が整った。特筆すべきはＶＡＤ装置で、国内におけるプリフォームメーカーは大手電線メーカーと化学メーカーがあるが、中小零細メーカーでは極めて珍しい存在であった。しかも、大手メーカーの線引き装置は高さが二十ｍにも及び、作製するプリフォームの大きさも直径二十～三十㎝とのことで、光通信用に何百㎞もの光ファイバの量産が目的である。

一方、ＰＳＴＩが導入した線引き装置は高さ八ｍと大手装置の三分の一以下で、プリフォームの直径も二㎝と中型の、医療機器や計測機器等の非通信用途を主軸としたところに特徴がある。

これらの装置導入、技術立ち上げにはＮＴＴ研究所時代に小林と共に光ファイバ開発を行った中原基博、塙文明の両氏に大変お世話になった。

通信用の光ファイバは外径が百二十五㎛、コア径が九㎛と世界的な標準が定められているが、非通信分野では機器メーカーごとに仕様が異なるため、外径やコア径を太くしてほしい、屈折率を高めてほしい等の希望に応えるためには、プリフォームそのものをユーザニーズに応じて作製する必要がある。光ファイバ作製の前工程を支えるＶＡＤ装置と後工程の大型線引き装置の導入は、その後のＰＳＴＩの製品開発において、大きな役割を果たすことになるのである。

株式会社国立研究所

経済産業省では、平成二十一年度から新たに「戦略的基盤技術高度化支援事業（サポイン）」をスタートさせた。これにより先行していた「地域イノベーション創出研究開発事業」は現計画完了年度で終了となった。しかし、ＰＳＴＩは、この後もＰＷＣを管理法人として、サポインをはじめ様々な研究開発にバトンタッチしていくことになった。

資本金二千二百三十万円で従業員五人の経営基盤も安定しない極々零細企業が、毎年の様に国プロに採択されたことは、恐らく他に例を見ないことであると思われる。しかも、研究費用は十／十の委託事業又は助成事業なのである。

ものづくり企業にとって不可欠な要素は、技術力以前の問題として、生産に関わる土地建物の確保、製造設備・機器の調達、研究開発費を含む事業費の確保であるが、上記公的機関の研究開発事業により、研究開発費、設備費、人件費、一般管理費の殆どが賄われた。株式会社国立研究所と揶揄される所以であった。

また、平成十八年度以降は、㈱共立鉄工所が国プロの共同研究企業として参加し、光ファイバの線引き技術に社員を挙げて取り組むほか、製造拠点となる線引きセンターとデバイスセンターの建物を無償で提供するなど、言葉では言い尽くせない程献身的に支えてくれ、ＰＳＴＩは信じられない好環境下で事業運営をできたことになる。

売り込み作戦

研究開発中心の事業運営が続く中、製品開発は遅々として進まなかったが、問題は何を作ればよいのか。どうやったら注文が取れるのかが分からなかったことである。情けない話である。会社設立当時に、株主の小野寺から、

「公務員とＮＴＴの研究者で、会社経営がうまくできるのだろうか」

と冗談半分に指摘されたことがあったが、正にその通りで、坂本も小林社長にも具体的なノウハウは殆ど持ち合わせていなかった。須田の話では、

「大手企業に売り込みをする場合、アポイントもとらずに直接会社を訪問しても門前払いを食らうだけであるし、どこの部局のどの担当者を訪問すればよいかを探し当てることが極めて困難である」

とのことであった。ではどうするか。企業訪問がままならないのであれば、ホームページを活用する方法がある。ＰＳＴＩのホームページは既に開設していたが、小林研究室の学生の労作ではあるものの内容は不十分なものであったので、とりあえずホームページを全面的に見直すことにした。幸い、製品化はしていないが、これまでの研究開発の成果として、作製した試作品や沢山の技術集積があるので、この内容を整理して掲載することにしたのである。

ホームページの内容を一新して間もなく、平成十七年の秋頃のことであった。大手光学機器メーカの研究所から掲載内容についての照会電話が入った。テーパファイバを作れないかという相談であった。

「どうして弊社の様な小さい企業に電話したのですか」

坂本が訊ねると、

「ホームページにテーパファイバを掲載している企業へ百件ほど照会してみたが、どの企業も、今は作っていません、とか、あれは研究開発で作製したもので製品化はしていません、と言ってことごとく断られました」

との回答で、ＰＳＴＩへの電話が頼みの綱だという。この話を受けて坂本は小林社長と須田と一緒に上記研究所を訪問し、製品化に結び付けることができた。北海道大学へ納品して以来の受注であった。ホームページの重要性を初めて思い知らされた出来事であったが、この「どこも作ってくれない」ということが、反面教師として、今後のＰＳＴＩの大きな吸引力となっていくのである。

レンズのないレンズ

平成二十二年の秋に北海道経済産業局から、補正予算でサポイン事業化支援事業が認められたので、応募する考えはないか、との打診があった。首都圏の展示会に出展した場合の費用を国が負担してくれるとのことである。

坂本は、小林社長や取引先の北日本電線㈱の担当者からも、展示会の出展は販路開拓に大きな効果があると聞いてはいたが、何十万円もする出展料の他に旅費まで負担して、どれだけ意義があるのか甚だ疑問であった。ただ、経費のかからない案件であれば応募しようと決めた。

展示会名は、「InterOpto二〇〇一」で、九月二十九日から十月一日までの三日間、パシフィコ横浜での開催である。この事業は経済産業局の委託事業となっており、札幌の㈱桐光クリエイティブが受託していた。ほどなく同社から連絡が入り打ち合わせをすると、出展費用の他に、PR用のCD作製費、パンフレット印刷費、来訪者へのアンケート費用など、手厚い支援メニューが用意されていた。CDの作製では、桐光クリエイティブの吉田聡子社長が直々にインタビュアーを務める熱の入れ様で、驚いたことに、光技術については素人であるにもかかわらず、専門用語が入る小林社長の話を短時間で咀嚼し、立派なシナリオにまとめてくれた。

PSTIの展示品は、コリメータアレイ、テーパファイバ、ビスマス添加光ファイバで、いずれもサポインの研究成果である。画期的だったのは、二百七十㎝×二百七十㎝の展示ブースの正面に「レンズのないレンズ」というプレートを張り出したことである。テーパファイバは、入力側の外径が大きく出力側の外径が小さい形状をしており、集光レンズを用いずに入力光のスポットサイズを自由に小さく変換できるという意味である。

これに対し、小林社長は、光技術の専門家からすると正確な表現とは言えないと、賛意を示さなかったが、坂本は間違いと言い切れないのであればこれで良しという考えであった。ＰＳＴＩが独自で展示会に出展するのは今回が初めてのことであった。どのブースも企業名だけを掲げ、製品の案内はパネルに小さな活字で表現しているのである。キヤノンやパナソニック、ＮＴＴ等の超大手企業ならいざ知らず、吹けば飛ぶ様な零細企業のＰＳＴＩにとって、社名だけを掲げてみたところで注目してくれるはずがない。それならばと異色のキャッチコピーで注意を喚起する作戦に出たのである。

当日は、坂本と小林社長、須田・藤井の両名に、アンケート配布役の桐光クリエイティブの担当者二名が加わり応対することになった。ところが、蓋を開けると驚くような事態となった。開催時間は十時～十七時であったが、開場と同時に次から次へとＰＳＴＩのブースに人が押し寄せた。正午になっても一向に引く気配がないではないか。

「レンズのないレンズって何のことですか」

と、誰もが、キャッチコピーに引きつけられたのである。昼食時や来訪者との商談などで応対者の数が少なくなると、それはもう、息つく暇もなく、立ち通し、喋りっ放しの状況であった。一番困ったことは、来訪者の多くは光技術の専門であったため、門外漢の坂本一人が残された時、満足な受け答えができないことであった。この様な状況が三日間続いた。

終わってみると、ＰＳＴＩのブースへの来訪者は六百人、アンケート回答者は二百十一社二百五十八人、名刺交換者九十七人という結果であった。斯くして初めての展示会は大盛況のうちに終了することができた。以来、InterOptoやレーザEXSPOなど、毎年二ヶ所の展示会に出展をしてきたが、決まって、例のキャッチコピーが評判となり、多くの来訪者を引き寄せることに成功した。

支援企業

展示会とホームページと取引先の口コミに支えられ、フォトニックサイエンステクノロジへの引き合いも徐々に増えていたが、それが会社経営への安定的・継続的な取引先とはならなかった。その中で、北日本電線㈱だけは、陰に陽にＰＳＴＩを支えてくれた。

それは、小林社長がＮＴＴ時代に北日本電線㈱の元光デバイス事業部長と親しかったことや、小林研究室の卒業生が同社の事業部に配属されていたことなどが背景にあった。平成十八年度の国プロ以降は、お互いに製品開発の技術補完をするほどに親しい関係が築き上げられていた。とくに、千歳科学技術大学二期生の須田俊央と四期生の北日本電線㈱の山下優斗社員とが絶妙なタッグを組み、求められる実装技術最適化の課題を次々と克服してくれた。今日、大手企業から高く評価されるＰＳＴＩの技術力は、この二人の技術連携が礎となっていた。

この連携は、引合いのあった製品を要求仕様通りに作製するには、ＰＳＴＩの技術力だけでは過不足なため、部品の一部を北日本電線㈱に作製してもらわなければならない。そのためには、お互いがパートナーとなって、製品開発に伴う情報を共有する必要があり、定期的に協議を重ね、可能性の検討を重ねてきた。また、同社の光デバイス事業部長が、陰に陽にＰＳＴＩに対して格別なる理解を示してくれていたのである。

平成二十五年一月末のことである。北日本電線㈱の社長と常務取締役がＰＳＴＩを訪問したいという連絡が入った。新年の挨拶を兼ねた表敬訪問という。二人には、前年の十月に坂本と須田とで北日本電線㈱を訪問した際に挨拶をかわしているので、多少なりとも気心は知れていた。

「ＰＳＴＩでは貴重な製品開発情報を沢山お持ちなので、弊社でできるだけの支援をしたい。今後とも弊社との取引を継続していただきたい」

との話があり、年初めのご祝儀に違いはなかったのだが、これほどまでにＰＳＴＩの製品開発能力を高く評価してもらえたことに対して、坂本は半信半疑でもあった。

「正直なところ、弊社の技術ノウハウとポテンシャルをこれほどまでに評価してくれたのは、北日本電線㈱が初めてでしたから」

製品化のステップ

米国の心理学者であるアブラハム・マズローが唱えた「欲求の5段階説」によると、「人間は自己実現に向けて絶えず成長する」とし、人の欲求を「生理的欲求↓安全欲求↓社会的欲求↓承認欲求↓自己実現欲求」の五段階に分類した。では、モノづくりにおいてはどうであろうか。

坂本は四十年の公務員生活の中で約三十年間は企画部門に属し、その殆どを地域開発に携わり、産業集積のプランニングと基盤づくりを基本としていた。

ところが、ベンチャー企業を立ち上げ、製品開発に携わってみると、否応なしにモノづくり企業の厳しさを味わうことになった。ＰＳＴＩは光ファイバとその関連部材を作製しているが、工業製品は自社の基準で作製したものを無条件で受け入れてもらえることはなかった。

発注元の仕様に合わせて㎛以下の精度で自社製品を改良しなければならない。しかも、要求通りの製品ができたからといってすぐに販売に出される訳でもない。商品化までにはいくつものハードルが隠れているのである。そのハードルを段階ごとに整理すると、次のステップとなった。

第一ステップ　研究用試作品作製

ＰＳＴＩの初期の製品は千歳科技大や北海道大学などへの光ファイバであった。

第二ステップ　機器メーカの研究開発用試作品作製

メーカの研究部門からの受注が並行するが、次年度以降の受注が未定の段階

第三ステップ　機器メーカの製品開発用試作品作製

商品化の前段階で、ＰＳＴＩの部材を組み込んだ装置全体の性能試験段階

第四ステップ　量産試作品作製

商品化が決定し量産時の適応能力と信頼性確認の段階

第五ステップ　サンプル出荷

サンプルをユーザに配布し反応を製品に生かす量産化への準備段階

第六ステップ　量産品作製

製品化の最終仕様決定。ビジネス計画に従って量産開始。予定数量の量産能力、信頼性確保、納期順守が絶対条件

第三ステップまでは、メーカー内で商品化の方針が決定するまでの中間地点で、期待通りの成果がなければ中止が必然となり、次年度以降も安定的に受注を確保できる保証がない段階である。ＰＳＴＩの平成二十七年度までの製品は、この段階で止まっていた。これまでに受注試作が主体であったのは、この様な背景からである。

製品のラインナップ

ＰＳＴＩは機械装置やその構成部品のメーカーではなく、部品に組み込まれる光ファイバ部品のメーカーである。それは、単体で機能するものとは異なり、計測機器や医療用機器の中に組み込まれて初めて機能を発揮する性質のものである。しかも、量産品用の機器装置ではなく、製品化前の試作品用の部材が主流である。ただし、ＰＳＴＩがターゲットとしたのは、非通信分野の機器である。通信用部材は既に大手メーカーが量産化しており、新興の零細企業が新規参入しても、勝ち目がないからである。

今村監査役から指摘されて「売れるものづくり」に取り組んでみると、面白いことに、年度を経過するに従い、受注品の傾向が見えるようになってきた。

平成二十年度から二十三年度までは、テーパファイバが主力である。形状は、入力側の外径が大きく、出力側の外径が小さいものや、ファイバの中心部がテーパ状になっているものなどがある。大手光学機器メーカーの研究員が困って相談してきた様に、メーカーが少なくＰＳＴＩのオリジナルと言っても過言ではない製品である。

続いて、コリメータアレイが主力にとって代わった。これは、先端に屈折率分布型のレンズ（ＧＩレンズ）を付けた光ファイバを数本並べたものである。実装技術の精度とレンズの性能が技術競争力を左右する事になる。

平成二十六年度からは、バンドルファイバー時代に入る。ガラス管の中に数本から数十本の光ファイバを挿入して作製するが、接着剤を使用しない実装技術がＰＳＴＩのオリジナルである。ファイバの結束数は六十一本まで試作しており、これもまた他のメーカーが及ばないＰＳＴＩの独自ノウハウでもある。

いずれも、機械化に馴染まない手作り製品であるが、「カスタム品を一本から作製致します。」を合言葉に売り込みを続けているうちに、製品ラインナップが次第に増え、平成二十六年になると、取扱製品は十二品目になっていた（http://www.psti7.com）。

この製品開発の礎は、国プロ等の研究開発であり、ユーザニーズに応えるうちに、従業員十人にも満たない企業とは思えないラインナップに広がっていったのである。

順調な経常利益

経常利益は、会社立ち上げの五年間はマイナスとなったが、平成十七年度から二十四年度までは、平成二十年度にマイナスを記録したものの他の年度はいずれも黒字決算を維持し、繰越損失も大幅に減らすことができ、前途洋々に見えた。

しかし、二十五年度からは一転して赤字に転じることになった。これは、国プロ等の研究開発費が採択されていた間は、製品売上に対する経常利益が少なくても、人件費その他の一般管理費を消化できたが、研究費が減るにつれて、自力で諸経費をまかなうことが困難になったからである。各年度の経常利益と一般管理費の比較をすると、管理費を補うだけの利益が計上できなかったのである。

頼りにしてきた国プロ等の研究費は、平成二十七年度ですべて終了し、二十八年度は製品売上のみの事業運営となったため、過去最大の損失となった。ところが、平成二十九年度になると研究費支援がないのにもかかわらず、二年ぶりに黒字復活となった。それは、前年度に断行した一千万円に及ぶ経費削減と過去最大の製品売上に支えられた結果であった。平成三十年度も好調な事業展開となっている。これで、ようやくにして国プロ依存体質からの脱皮を果たすことができたのである。

第11章 ホトニクスバレーの牽引役

光テクノロジーの方向

小林壮一は、開学以来十年に亘るキャンパス実践を基に、将来の在り方についてこんな私見を述べている。

「今まで光テクノロジーは光通信を主導として進められました。特に日本がＮＴＴの技術水準の高さから世界をリードし、光ファイバ母材の世界シェアの五十％以上を占めている。しかし光通信はすでにインフラ技術になっているが、通信で開発された光テクノロジーのポテンシャルは極めて高いので今後他分野で大いに活用されると予想される」

ホトニクスバレーの取り組みは、中核技術がプラスチック製光ファイバ（ＰＯＦ）から石英ガラス製光ファイバへと移行したが、小林が十年間の実績を踏まえて、着実に地歩を固めつつあることを証明してみせた。手本としたアメリカの「シリコンバレー」には遠く及ばないものの、その確固たる基盤や飛躍の芽は確実に根を張っていると自信をもって語っていた。

その小林が起ち上げた第一号ベンチャーＰＳＴＩについても、目指すべきビジョンをこう描いている。

「私の当初の夢は年間三億円稼いで、一億円は大学に寄付し、一億円は社員で山分けし、残りを将来への投資にと考えていました。これは純利益であり、まだまだ夢は当分夢として続きそうですが」。これを実現するためのキーワードとして、現在光ファイバー産業では携帯産業のお陰でクラウド事業が活性化し、それを支えるデータセンターの設立が活況を呈しており、その中のスーパーコンピュータ用に光ファイバが枯渇している。したがって大手光ファイバメーカーはデータセンター用光ファイバ作製で手一杯である。

「弊社としては今がチャンスと考えており、通信以外のファイバ応用可能分野の研究開発を基盤とした引き合いをベースにセミ量産品までを視野に事業展開を期待しております」

まさに今がチャンスと喝破する小林は、小粒でもきらりと存在感を示せる自社の持ち味を待ちに待った事業展開の好機と捉え、虎視眈々と準備していた。ただ、ホトニクス研究の先頭に立って進めてきた小林壮一だが、実際に一企業として経営の舵取りを始めて思わぬ困難にも出くわした。つまり、次に掲げる様に、理想と現実のせめぎ合いのという経営者としての資質が問われる事態でもあったのである。

理想と現実の狭間で

ＰＳＴＩは、小林壮一の希望に沿って創設したもので、小林社長の技術シーズを製品化するためのいわば、小林社長が前提のベンチャー企業であった。

平成二十四年度の定時株主総会は、同年五月十八日に開催した。取締役選任議案で、従前どおり小林、吉田、山林、坂本の四名が取締役を重任することになり、引き続き開催した第二回取締役会の議題は、代表取締役の選任である。席上、今村監査役から、

「小林さんは、大学教授とＰＳＴＩの社長を兼務し体力的にも非常に辛い思いをされているので、負担を軽くするために、この際、技術担当の取締役となってはどうか」

と提案がなされ、後任社長に指名されたのは坂本であった。

「私は、事務屋であって光技術について全くの素人なので、最先端技術を駆使するメーカーの社長が務まる筈がない」

と固辞したものの、他に適任者は見当たらない。確かに、会社の総括運営ではこれまでも常勤副社長として切り盛りしてきたので、技術部門の責任者を小林が引き受けてくれるのであれば何とかなるだろうと見越しての、今村発言であった。結局、小林社長は退任し、坂本が社長に選任された。

社長交代を提案した今村の思いはこうであった。

「大学教授が社長をしているので、どうしても研究開発や試作製品が多くなりがちでした。そこで製品販売に力を入れ、研究開発は極力抑え、また試作製品については受注金額を高くするなどして利益意識を高めるように指導してきました。しかし小林さんと坂本さんの経営方針が合わなくなってきたので、坂本さんに社長となってもらい事業計画を立案し、毎年の経営状況を明らかにしながら会社運営を図りました」

さらに若手社員の技術力も向上してきており、会社運営上なくてはならない存在に成長したことを安心材料に、快適に働ける環境づくりの提言も行った。

ベンチャーの陥穽

国プロが採択になっても管理法人のホトニクスワールドコンソーシアムが前払いしてくれる概算費は七十%が限度で、残額は事業年度終了後の精算払いであった。その間の研究資金をどう確保すればよいかが課題となった。加えて、小額といえども製品売上高に応じた仕入れ代金の支払いは、売上代金の収納前に待ったなしでやってくる。

坂本は事務方の前田和歌子と、毎月更新しながら向こう一年間の資金計画を作成し、資金繰りをしていた。資金不足の際は、銀行融資に頼りたいが、銀行へは保証協会が保証人となる半面、その保証協会には社長の個人保証となるので、借りれば借りるだけ、社長個人のリスクが高くなってしまう。このため、販売代金が収納されるまでの間は、坂本の個人口座から一時立て替え払いをして凌ぐことにした。もちろん無利子であることはいうまでもなく、特に使う予定もなかった余裕資金であったことから、銀行融資の手間を省く意味もあって融通していた。売上代金が振込まれたのを確認してから、坂本の個人口座に戻入してもらうという遣り繰りが数年続いたのである。

平成十七年度末になって、資金不足が懸念された。翌四月末にはまとまった収入があるため一ヶ月間の資金繰りとして、坂本は自分の口座から立替払いし、翌月に返金してもらい事なきを得た。

ところが、この資金が年度を跨いでの決算となるため、平成十七年度決算書の付属明細書に借入先を坂本捷男と明示せざるを得なくなった。つまり、個人的な資金をつぎ込んでの遣り繰りが公になってしまったのである。

平成十八年六月八日、平成十八年度の定時株主総会を開催した。平成十七度の決算報告の段になって、株主から付属明細書にある坂本の個人融資について質問があった。そして

「社長といえども、個人融資をすることは、公私混同に繋がりかねないので、慎重に願いたい」

と指摘された。その場は坂本自ら「分かりました」と収めたものの、納得がいかなかった。会計処理上はなるほどもっともな意見なのだが、銀行融資では連帯保証人が必要な上に利息の支払いが発生する。それ以前の問題として、収入の目途が立たない場合は、大企業ならいざ知らず銀行融資を頼んでも受け入れてもらえないので、誰が不足資金を補うの

かという問題が発生する。坂本は杓子定規にはいかないのが町工場レベルの実情であることを理解してほしかった。

ベンチャー支援基金

株主総会で指摘を受け、坂本はやむなく平成十八年度以降は銀行の短期融資を活用することとした。利率は三%で、北洋銀行千歳中央支店が何とか引き受けてくれた。

ＰＳＴＩの事業は、平成二十三、二十四年度を境に、国プロの割合が次第に低くなり、製品売上高が六十%を超えるようになると、売上代金と支払代金のタイムラグによる必要資金が次第に増加した。

銀行融資はあるが、予定された代金が償還期日までに払い込まれなければ、債務不履行となるため、必要最小限にしなければならない。さりとて、坂本の個人融資で凌ぐとすれば公私混同と非難されてしまうため、坂本は自らの銀行口座を「ベンチャー支援基金」と団体名にすることで取締役会の承認を取り付けた。

しかし、坂本は割り切れない思いを引きずることになった。会社のためとはいえ、こうまでして身銭を切らなければならない資金繰りの厳しさと会社経営の難しさ、社長という立場上の責任を背負う孤独な悲哀を感じていたのである。

平成十六年度からPSTIの製品売上高は右肩上がりの伸びを示してきたが、年度別の経常利益は少なく、資金計画面から見るとまだまだ脆弱な財務体質である。国プロ採択年度は、技術社員の人件費や一般管理費の一部が研究予算でカバーされてきたが、平成二十三年度以降は国プロ事業の比率が低くなると、一般管理費の自己負担額が膨れることになった。いうまでもなく、経常利益は営業利益から一般管理費を控除して積算されるが、この一般管理費を完全に補填できるほど営業利益が確保されていない現実があった。

平成二十四年度になって、坂本社長と小林取締役の報酬を社員並みにした。

経営危機

平成二十二年度からの国プロで、VAD装置を用いた研究開発センターとして共立鉄工所の第二工場を無料で借りていたが、平成二十四年度に入り、他の場所に移転してもらえないかと三ツ野社長から相談があった。

ＰＳＴＩの事業所は三ヶ所に分かれており、事務部門は、南千歳駅横のアルカディアプラザビル四階の一室に、研究開発・製造部門として、第二工場のＶＡＤ装置の開発センターと大型線引きセンターがある。この線引きセンターは、高さ八メートルで装置は深さ三メートルのコンクリートの基盤上に設置されている。平成十八年度の国プロの際に導入し、専門家が正確な位置決めをして据え付けられたものである。事務所移転となれば以上の三ヶ所を一つに集約する必要がある。ただ、線引きセンターは移設に多額な費用を要するため、現在の場所に残し、ＶＡＤ装置がある開発センターだけを別な場所に移すことは、現場の作業効率が悪くなり無理である。

行き場を失ってどうしたものかと思案していたときに、第二工場の隣接地にある建物に気が付いた。自動車修理組合の工場だったもので、何年も使われず廃屋となっていた。コンクリートブロック製の平屋の大きな建物で、内部改修すれば十分に活用できる。この建物を買い取って、ＰＳＴＩに貸してもらうことはできないかと虫の良い相談を持ちかけてみたが、地主がウンと言わないという。諦めかけた頃三ツ野社長から、買収できたので無償とはならないが建物の一部を賃借することが了解され、改修整備して、平成二十四年十二月、新社屋に移転した。

新社屋に入居はしたものの、これまでゼロであった銀行の長期借入金の元利返済と共立鉄工所への賃貸料の支払いが固定経費として発生することになった。しかし、製品売上高が飛躍的に増加し平成二十三年度で黒字決算の実績があり、平成二十四年度以降も同様の勢いになると見込まれたことから、この固定費用は難なく消化できる筈であった。思惑通り、平成二十四年度も黒字決算となり、これで四年連続のプラスとなった。

ところが、翌平成二十五年度は、前年度並み売上を確保できたが、国プロの一部終了による研究費のダウンと経常経費の増が重なり、赤字決算となってしまった。

二年連続の赤字決算が懸念される中、遣り繰りしてきたベンチャー支援資金も底をつき始めた。銀行の繋ぎ融資も考えられるが、返す当てもない累積赤字の会社への融資が認められる道理もなく、資金繰りはいよいよピンチとなった。

何とか年度内の資金繰りは乗り切ったものの、新年度の運営資金を打開するため年度末の平成二十七年三月の取締役会で、社債発行を承認した。私募債の形式で、社長の坂本をはじめ、四人の取締役で全額を引き受けることになった。ところが、平成二十七年度は前年度比二倍の売上高を記録し、黒字決算とすることができたのである。窮すれば通ずるということか。ベンチャー支援基金も元の鞘に収まったものの、これは束の間の休息でしかなかった。

戦力確保

年が明けた平成二十八度に入っても受注量は減らず、坂本の表情は緩んでいた。そして戦力確保のため、人材会社からの派遣を受けるほか、時間限定勤務で事務補助員を採用し、現場の業務負担を軽減することができた。四月時点での社員の状況は正社員三名、派遣社員三名、契約社員一名、パート二名である。

一方、これまで手を付けずにいた会社の職制を整えるため、技術部門を製造技術課と製品戦略課の二課に分け、藤井を前者の課長、須田を後者の課長に任命し、宮川を製造技術課のリーダーに据えた。また、平成二十七年度は目論見通り黒字決算となり、それに伴い役職手当を支給することにし、役員報酬も復活させたのである。体制の強化とはいえ、この大判振る舞い的な措置が、禍根を残す結果になるとは未だ気がつかなかったのである。

追い詰められて

平成二十八年度になっても試作品中心の体質は変わらず、前年度並みの売上を確保してはいるものの、製造原価の増大に加えて、国プロの終了により国の支援はゼロとなった。さらに、建物の賃借料支払、借入金の元利償還、人件費の増加など経常経費の負担が重くのしかかり、このままでは立ち行かなくなることが目に見えてきた。案の定、年末に前田が作成した資金計画では、翌年の二月以降は収入不足に陥るとなっていた。

窮地から脱出するためにはどうするか。坂本は荒療治を考えた。先ず、藤井、須田の両課長と宮川、事務の前田を残し、派遣社員とパートは年末で契約を全て打ち切った。次に、一月以降、社長の報酬を四分の一、小林取締役の報酬を三分の一に減額し、課長・チームリーダーの役職手当も半分にカットした。前田も正社員から契約社員に切り替え二十%の賃金カットとなった。役員報酬は、年度当初に決めた額を毎月変動なく支払うことが税法上のルールであったが、そんなことを言っている場合ではなかった。また、役職手当の減額について三人に事情を説明すると、彼らも事業運営の厳しさを理解しており、異議なくこれを受け入れてくれたのだった。前田は、自分はもう定年を過ぎているからと、積極的に減額を申し出てくれたのである。こうした荒治療にもかかわらず、資金不足は解消されなかった。例のベンチャー支援基金で凌ぐとしても、精々二十九年度の第一・四半期までが限度で、その先の算段が全くつかない。銀行融資も、不安定な経営内容では首を縦に振らないだろう。よしんばGOサインが出ても、連帯保証人にされる坂本のリスクが大き過ぎる。増資は目途がつかない。社債は、既に引き受けてもらっており、これ以上は無理であろう。さりとて、会社を潰す訳にもいかない。潰してしまうと、出資金は元より引き受けてもらった社債が水の泡となる。加えて、一千万円に上る銀行借入金は坂本社長の責任処理となる。それよりも何よりも、家族を抱えて懸命に努力してきた社員を放り出す訳にはいかないではないか。八方塞がりとなり、坂本は万策尽きてしまった。

「私は、性格が陽性なため、どんなに逆境に立たされても、三日もすれば持ち直すことができたが、今度ばかりは事情が違った。人間関係の問題ではなく金銭の支払いなのだ。現金を用意しなければ解決しない。吉田取締役、小林取締役、今村監査役に相談しても、明るい話は出てこない。ほとほと困り果て、ノイローゼの寸前まで追い込まれてしまいました。会社の危機存亡の際は、社長が全責任を担い、屋敷を売り払ってでも工面するという話はよく耳にしていたが、いざ我が身に振りかかるとなると、流石に躊躇せざるを得なかった」

坂本は、心労で憔悴しきっていた。

危機脱出

迎えた平成二十九年度は、順調な滑り出しとなった。年度明けから注文が舞い込んできた。しかし、取引が増えても原材料の支払いと売上代金の収納とのタイムラグの対応もあって、相変わらず資金繰りに怯え、月末になると祈るような気持ちで預金残高を確認するのである。第一・四半期は何とか乗り切ったが、引き続き魔の第二・四半期がやって来る。さらに、七月末は第一回募集の社債の償還日となる。

とりあえず、六月一日開催の取締役会で償還日繰り延べの承諾を得たものの、先の取締役会で決議した第二回社債発行については、未だ引き受け手が決まっていなかった。坂本は連日の寝不足で錯乱寸前の状態となった。

するると、六月も末になって、見るに見かねた吉田取締役が事務所に現れると、「これを足しにしてください」と紙袋を坂本に差し出した。坂本はしばし吉田の顔を見つめた。

「私は、涙の出る思いであった。これをきっかけに全役員が呼応し、当面の資金が集まった。二十九年七月末のことであった。私は危機一髪で不安から解放されたのである」

坂本は会社の最大のピンチから逃れることができた。良運は会社にも好影響を及ぼしたようで、取引はその後も途切れることなく、平成二十九年度は、過去最高の製品売上高となり、二年ぶりの黒字決算となった。

しかも、地域振興財団からの小額の研究費が含まれているものの、収入のほとんどは全てを製品販売額で占め、創立十八年目にしてようやく国プロ等の研究費に頼ることなく、自立を成し遂げた記念すべき年度となったのである。

終章

新たな拠点の蠢動

持ち込まれた事業連携

光デバイス市場は、国内において大手電線メーカーの集約化や中小光デバイスメーカーの撤退が進む半面、米国と中国における光ファイバ需要の急進という二極化の状況にある。低迷する光通信事業に代わって光スイッチ、ファイバレーザ、光測定器など、通信事業に比べると各々の市場規模は小さいが、非通信分野における光ファイバ市場は大きく拡大することが予測されている。

しかし、国内の精密機器メーカーが新製品開発に挑むにしても、心臓部となる光デバイスのメーカーが見当たらないのである。ＰＳＴＩの取引先が殆ど大手メーカーであることは、この様なことが背景になっているのであった。

内容はメーカーによって異なるが、希少価値の光部材メーカーとして数年前からＰＳＴＩへの引合いが増え始め、量産化を前提とした注文が相次ぐようになってきた。そんな中、驚くことに平成二十九年度からは、製品の共同開発、事業連携、出資申出等の他にＭ＆Ａの話までが持ち込まれだした。地獄を垣間見ていま再び立ち上がることになった社長の坂本捷男は、静謐に語った。「できれば、ＰＳＴＩの技術とこれら企業の技術を融合化して、千歳科学技術大学の隣接地に、光ファイバデバイス拠点（大学、試作センター、請負企業、連携組織、産業支援、調達先企業、提携企業）を形成したいと考えている。これが実現できれば、共同研究の促進、企業立地、雇用機会の増進、学生のマンパワーの活用へとつながることになり、新たなホトニクスバレー誕生のトリガーになるものと確信しています」。坂本はこの構想を、NEW PHOTONIC PARADISEと名付けている。「他のメーカーに負けないオリジナル技術、総合的で高度の実装技術、光ファイバに関する幅広い知見など、地道な研究開発の結晶が大きな成果をもたらすでしょう」

ＰＳＴＩのポテンシャル

今後、世界に伍して光ファイバビジネスを展開していくためには、絶対有利なオリジナル製品の開発が不可欠となる。日本のメーカーは、世界に先駆けた技術開発をしても事業化で二の足を踏み、外国企業の後追いで重い腰を上げる傾向がある。これでは、価格面や性能面で相対的に有利となっても、競争相手との厳しい条件闘争に巻き込まれて体力を消耗することになる。相対有利ではなく他にできない絶対有利でなければならないのだ。

ＰＳＴＩはこれまで、非通信分野における光ファイバ関連部材の作製を柱として独自技術を蓄積してきたところであるが、そのノウハウに世界市場を席巻する可能性が秘められている。光ファイバの原材料となる母材メーカーの販売シフトから締め出された企業が悲鳴をあげている現状から、不足する汎用の母材にとどまらず、超低偏心、超高（低）屈折率、超細（太）径等の極限仕様やビスマス添加特殊母材の開発は、大きなビジネスチャンスであり、正にＰＳＴＩの独壇場とも言える現状である。

これにケーブル化、モジュール化、ユニット化の実装技術を付加すれば、強力な顧客吸引力を備えることが可能となる。これがＰＳＴＩのポテンシャルなのである。

安定軌道への課題

効率的に業務を処理し、経営を安定軌道に乗せるための当面の課題を拾うと、職場環境の整備、業務の効率化、人材の確保、ＩＳＯの認証、経営資源の安定化等がある。共立鉄工所から賃貸しているスペースは、現在約三百平方メートルあり、そのうち六十平方メートルの二室が現場の加工組立作業用となっているものの、業務の増大に伴い狭隘となり、早急な手当てが必要となっている。

ＶＡＤ装置は老朽化により解体保管してあるが、復活させる場合は、新たな設置場所の確保が不可欠となる。また、光ファイバ関連部材の製造は機械化になじまない分野ではあるが、実装作業の一部でも自動化或いは一括処理化を図る必要がある。特に、量産化製品の受注に際しては、避けて通れない問題となってくる。

これは、営業利益の向上に直結する重要課題でもある。人材の確保については、二〇二〇年の東京オリンピックを前にして極めて厳しい環境に置かれている。最も必要とされるのはスタッフではなく、加工組立ラインのメンバーであるが、生産ラインが多岐に亘り季節的に配置転換が可能な大手メーカーと異なり、製品を光部材にフォーカスし、受注量が不安定の状況では絶えず余剰人員による経費負担に悩まされることになる。

このため坂本は、千歳科技大と連携して光ファイバ技術の実習の場としてＰＳＴＩを活用する方法を提案しているが、狙い通りに運ばないのが現状である。ＩＳＯに関しては、既に品質マネジメントの原案と関連諸規程を整備済みであるが、職場環境の整備や人員の適正配置など、実態を如何に適合させるかが課題となっている。経営資源は、国プロ依存体質から抜け出し、製品売上高の急伸に合わせて持続可能な大型受注案件の協議も重ねていることから、この流れを確実にしていくことが、安定軌道を確保する喫緊の課題なのである。

辿り着いた島

二〇二〇年でＰＳＴＩは創立二十年を迎える。坂本はこれまでの道程を振り返り、もののづくりと経営の難しさを厭というほど痛感させられた十八年であったという。つまり、親会社から独立した企業であれば、切り離された親会社の業務を継続して受注できるため、設立時から安定経営が可能であろうが、ＰＳＴＩの場合は、そうした後ろ盾がないゼロからのスタートであった。施設も、人も、設備もなく、運転資金もままならない中で、夢と基礎研究から歩み始めたのだから、艱難辛苦は当然のことではあるが、長い航海であった。

そして、

「しかし、モノづくりの過程で次々と押し寄せた大波は、公務員時代に地域開発を専門として多くの計画策定とその実践に携わってきた私にとって、新たなプランニングのノウハウ習得の絶好の機会でもあった。量産化までには多くのステップがある、量産品の価格はロットの規模で変動する、営業活動にも販売営業と技術営業がある、不安定な受注計画は余剰人員を生む要因になる、この様な事柄に直面する度に成程と感心させられたのである。また、危機の高波とこれを打ち消す朗報、この波のうねりを経験する内に、これ程楽しいことは他にあるのだろうかと悦びに代わり、この様な環境を与えてくれた関係者への感謝の念が尽きないのである」

と感謝の言葉を口にする。手を焼いた資金繰りも取締役、監査役、株主の温かい支援で乗り切ることができ、漂流の果てに漸くにして、安定軌道の島にたどり着いたのである。

「私は、今年で七十五歳になる。いつでも退任する用意があるので、藤井課長と須田課長に経営の襷を渡したいと伝えてある」

初代社長小林と後を継いだ坂本は、千歳科学技術大学出身の社員たちに絶大な信頼を寄せている。

「必ずや、光ファイバビジネスの国際拠点を構築してくれるに違いない。将来が楽しみでならない」

と起業やマーケティングはもとより、人材の育成も含めて到達したベンチャー第一号の現在を、坂本は総括する。

ものづくりは人づくり

坂本と伴走するように大学開学からベンチャーの起業、さらにＰＳＴＩの成長を見守ってきた今村陽一だが、自らを渦中に置いて得た結果についてこう語る。

「ベンチャーの創業は我々にとって大きな冒険であったと思います。光テクノロジーという具体的なシーズはありましたが、何を作れば売れるかという顧客のニーズは全く分かっていませんでした。しかしホトニクスバレー構想を完成するためにはベンチャーが必要で夢と情熱の中で生み出し、多くの仲間の協力を得て活動してきました。そして、大学、PWC、PSTIを設立した結果、これらの相乗効果の大きさに手ごたえを感じました。今後は我々の理念を理解する人材を育て、我々の汗と涙のしみこんだ襷を渡していきたい」

今村にとっては本業でもある日立製作所での立場がある。その本業と伴走しながら大学と起業とを実現させた。しかも、関わった人たちは人生を賭けての大仕事になった。今村の人生観としての率直な感想については、

「坂本さんと出会い、大学を創る事は千歳市の地域活性化が目標とのことから、ホトニクスバレー構想を立案し大きな夢の実現に向けて一緒に活動してきました。しかし予想外の佐々木先生の早逝により、計画は頓挫しそうになりましたが、佐々木イズムを共有する仲間の存在が核となり、助け合い、地味ながら仕事から外れても活動を継続してきました。そして坂本さんも私も退職しましたが未だに仲間と活躍できる場があることは大変嬉し

く、楽しいことと思います」

今村は、自分の役目は終わったと判断し、四十二年間務めた日立製作所を二〇一八年三月自ら退職した立場ながら、ＰＳＴＩの監査役として関わり続けている。その関わり方について、

「平成六年から二十四年間が経ちましたがホトニクスバレー構想の実現に向けて仲間とともに活躍できていることは大変嬉しく思います。普通は仕事や立場が変わると関わりから離れていくものです。私の場合は会社から与えられた仕事でないのに見守ってくれた日立の上司、先輩、後輩達には心から感謝しています。

福沢諭吉先生が人生訓の中で『世の中で一番楽しく立派なことは一生涯を貫く仕事を持つことです』とおっしゃられていますがＰＳＴＩとの関わりが、私にとっての生涯の仕事かなと思っています。

ホトニクスバレー構想は今も健在で途絶えることなく継続されています。成長軌道に乗ったＰＳＴＩには数社の専門企業から出資や事業提携等の要望も来ており、経営の安定化、開発の迅速化の為にはありがたいことです。千歳への企業誘致、大学との産学連携などを促すことも可能となりホトニクスバレー構想の再現です」

理想でもあったホトニクスバレー構想の発案者でもあった今村にとって、やはり構想を現実することが目的であることは今も変わらない。

「この活動で得たノウハウ、直面した課題、対策等をお世話になった皆様や関心を持つ方々に情報提供したい」

「日本の将来の活性化に役立つこと」に願いを込めて、やはり原点に立つ今村陽一である。ただ、開学に全力を尽くしてきた千歳科学技術大学の現状に目をやると、今村の表情も曇る。

「現在も少なくなったとはいえ光テクノロジーの研究や事業化を目指す人材がいると思います。彼らに対して昔のように協力をすることはできませんが佐々木先生、坂本さんと一緒に夢見た世界を記しましたので大いに頑張ってもらいたいと思います」

二十一年の歳月を振り返っての今村の思いであった。

教育とは何か

人づくりに関して、坂本はこの様な教えを思い出すという。千歳市の秘書課長時代のことである。当時の東峰元次市長が、教育長の就任時に、「教育の要諦は何か」と問うので「物事を教えて知識や能力を伸ばすことだと思います」と答えると、

「それは教育という言葉の意味であって、教育の要諦ではない。いいかね、教育とは、教育者が被教育者をして扶掖誘導し、完成の域に達せしめることを言うのだよ」

と諭したという。単に知識や技能を教えるだけでなく、その社会的意義や背景にあるもの、更にはそれが世の中にどのように貢献できるのかを習得させ、人間として独立し、物事を自力で切り開いていける境地まで誘導することなのだという。では、どうやってこれを実践するのか。坂本は、

「私は、佐々木学長が掲げたホトニクスバレー構想で展開しようとしたプログラムが正にその実践編だと思うのです。そう考えると、千歳科学技術大学の礎は崇高な哲学に支えられているのだと、この様な高等教育機関の設立に携われたことを、何よりの誇りとしているのです」

学問や研究は、何のために行うのか。会社の究極の目的は何か。千歳科学技術大学もベンチャー企業のフォトニックサイエンステクノロジ㈱も、いま、大きな目標に向かって、

走り続けている。

光テクノロジーの明日へ

「千歳科学技術大学もベンチャー企業のフォトニックサイエンステクノロジ㈱も、時代の背景から設立時期をずらしていたら実現しなかったでしょう。国際空港に隣接する広大なロケーションに、ホトニクスバレーという光技術の国際拠点を形成するのだと情熱を燃やしたサムライたちがこれを可能にしたのです。絶妙なタイミングと比類なき立地環境、それに素晴らしい仲間達、正に天の時、地の利、人の輪の相乗効果に他ならないのです」

と感慨深げな今村陽一。さらに今村の恩師である慶應義塾大学工学部の佐々木敬介教授との接点を持ち、世界でも初めてという光テクノロジーの単科大学の開学に漕ぎ着けた坂本捷男と千歳市。

もちろん脇を固めてくれたサムライたちの存在があってのことである。初代学長であった佐々木敬介の突然の逝去を乗り越えて、当初の目標であった大学発ベンチャーも実現し、見事に軌道に乗せた。

そして今、日本の先端光テクノロジーのパイオニアともいえる存在に育て上げた坂本や小林、今村らサムライたち。その中核を成すべき千歳科学技術大学は、開学二十一年にして千歳市の公立大学としてさらなる門戸を開くことになった。伊澤理事長、川瀬学長の指導の下、「千歳科学技術大学の公立大学法人化の検討する有識者会議」にて「スマート・ネイチャー・シティちとせ構想」を提唱している。ここで「光科学の技術・産業拠点の形成」から「地域の価値を高める地域産業・市民生活支援の知的拠点の形成」への展開を図ることを謳っている。ここで培った人知還流・人格陶治の理念とその実践の重要さの認識を基盤として国際社会のニーズに応えるよう活躍してもらいたい。

「通信技術として開発された光テクノロジーのポテンシャルは極めて高く、ディスプレー分野やレーザー加工分野、センサー分野、ロボット分野、自動車分野、医療分野への応用技術として今後大いに活用されます」

小粒ながら、光テクノロジーの研究・開発の志を掲げやっと発展途上の中段に差し掛かった感のあるフォトニックサイエンステクノロジ㈱、大学発ベンチャー第一号の誇りを消し去ることなく、全身全霊で光技術に賭けてきた男たち。

この男たちの起業物語こそ、次世代へのメッセージでもある。

フォトニックサイエンステクノロジ㈱における国プロの実績

■平成一二年度

㈶北海道中小企業振興基金協会　研究開発補助事業

［偏波ファイバアレイブロック製造方法の研究開発］

■平成一三年～一四年度

経済産業省　即効型地域新生コンソーシアム研究開発事業

［光通信用波長多重化光ファイバアレイの研究開発］

■平成一五年～一九年度

総務省　戦略的情報通信研究開発推進事業

［光ファイバ／導波路一体型宅内伝送用光モジュールの研究開発］

■平成一六年～一七年

経済産業省　地域新生コンソーシアム研究開発事業（＊）

［ブロードバンド光通信用ポリマー可変減衰器アレイの開発］

■平成一八年～一九年度

経済産業省　地域新生コンソーシアム研究開発事業（＊）

［次世代情報通信の高速広帯域伝送システム用光デバイスの開発］

〈サブテーマ〉

①広帯域フォトニック結晶ファイバの開発

②低損失ポリマーMEMS光スイッチの開発

③液晶光減衰器モジュールの開発

④チューナブル多波長光源の開発

⑤フレキシブル光配線盤モジュールの開発

■平成二〇年度

㈶ノーステック財団　研究開発事業　発展・橋渡し補助金

［レーザ加工用テーパファイバの研究開発］

■平成二〇年～二一年度

経済産業省　地域イノベーション創出研究開発事業（＊）

［医療及び計測産業用高速広帯域光ファイバレーザの研究開発］

■平成二一年度

㈶ノーステック財団　研究開発事業　発展・橋渡し補助金

［高出力レーザ光伝送用テーパファィバ製品化技術の研究開発］

■平成二一年度

経済産業省　戦略的基盤技術高度化支援事業

［コリメータアレイ用光ファイバ母材の高精度切削研磨加工技術の開発］（＊）

■平成二二年度

㈶ノーステック財団　研究開発事業　重点研究・モデル化研究補助金

［計測機器用調芯レス極細径テーパ型光ファイバの開発］

■平成二二年〜二四年度

経済産業省　戦略的基盤技術高度化支援事業

［医療用ファイバレーザの低コスト高出力化に向けた高性能光部品実装技術の研究開発］（＊）

■平成二二年〜二四年度

総務省　地球温暖化対策ＩＣＴイノベーション推進事業
［超低消費電力光ＩＰルータ基本技術の研究開発事業］

■平成二二年度

道央産業振興財団　高度技術開発助成事業
［極小スポットビーム形成用光ファイバレンズの開発］

■平成二三年～二七年度

情報通信研究機構（ＮＩＣＴ）
［革新的光通信インフラの研究開発　課題ア　マルチコア光増幅技術］
Ｂｉ添加母材用ガラス材料設計、作製、評価の検討

■平成二五年～二六年度

中小企業庁　ものづくり中小企業・小規模事業者試作開発等支援事業
［レーザ溶接用多チャンネルパワーコンバイナの開発］

■平成二五年度

道央産業振興財団　高度技術研究開発助成事業
［多用途型光スイッチ用長距離空間伝送光ファイバコリメータアレイの開発］

■平成二五年～二七年度

経済産業省　戦略的基盤技術高度化支援事業（＊）

［新世代高速通信向け波長選択スイッチ用マトリクス型コリメータ実装技術の研究開発］

■平成二七年度

道央産業振興財団　高度技術研究開発助成事業

［高出力対応型バンドル光ファイバの開発］

■平成二七年度

新エネルギー・産業技術総合開発機構（ＮＥＤＯ）

［産業向け無線・光融合省エネルギー情報伝達網の開発］

■平成二五年～二八年度

科研費

［石英系光ファイバ用耐高温遮光膜成膜技術の開発］

（＊はＰＷＣが管理法人である）

大学の研究と成果

年度	事業名	研究開発テーマ	事業化に結びつく研究成果 名称	開発製品名
H16～17	地域コンソ	ブロードバンド光通信用ポリマー光可変減衰器アレイの開発	光導波路コリメータアレイ	－
			PDタップ	PDタップ
H18～19	地域コンソ	次世代情報通信の高速広帯域光ファイバレーザの研究開発	光ファイバ線引き技術	光ファイバ線引き
				多成分ガラス線引き
			テーパ型光ファイバ	テーパ光ファイバ
				極細径光ファイバ
			コリメータ光ファイバアレイ	光ファイバアレイ
				光ファイバコリメータアレイ
				光ファイバコリメータ
				光ファイバコリメータモジュール
				光ファイバフォーカサ
				光ファイバフォーカサアレイ
			フォトニック結晶ファイバ（PCF）	90穴PCF（PCF）

H20～21	サポイン	コリメータアレイ用光ファイバ母材の高精度切削研磨技術の開発	低外径公差母材	外径公差≦0・1㎛母材
H21～24	サポイン	医療用ファイバレーザの低コスト高出力化に向けた高性能光部品実装技術の研究開発	パワーコンバイナ	コンバイナ
				バンドルファイバ
				バンドルファイバ技術指導
			黒ガラス光ファイバ	Bi添加光ファイバ
			G－光ファイバ	G－マルチモードファイバ
				G－レンズ
				G－プリフォーム
H25～27	サポイン	次世代高速通信向け波長選択スイッチ用コリメータ実装技術の研究開発	マトリクス型コリメータアレイ	マトリクス型コリメータアレイ

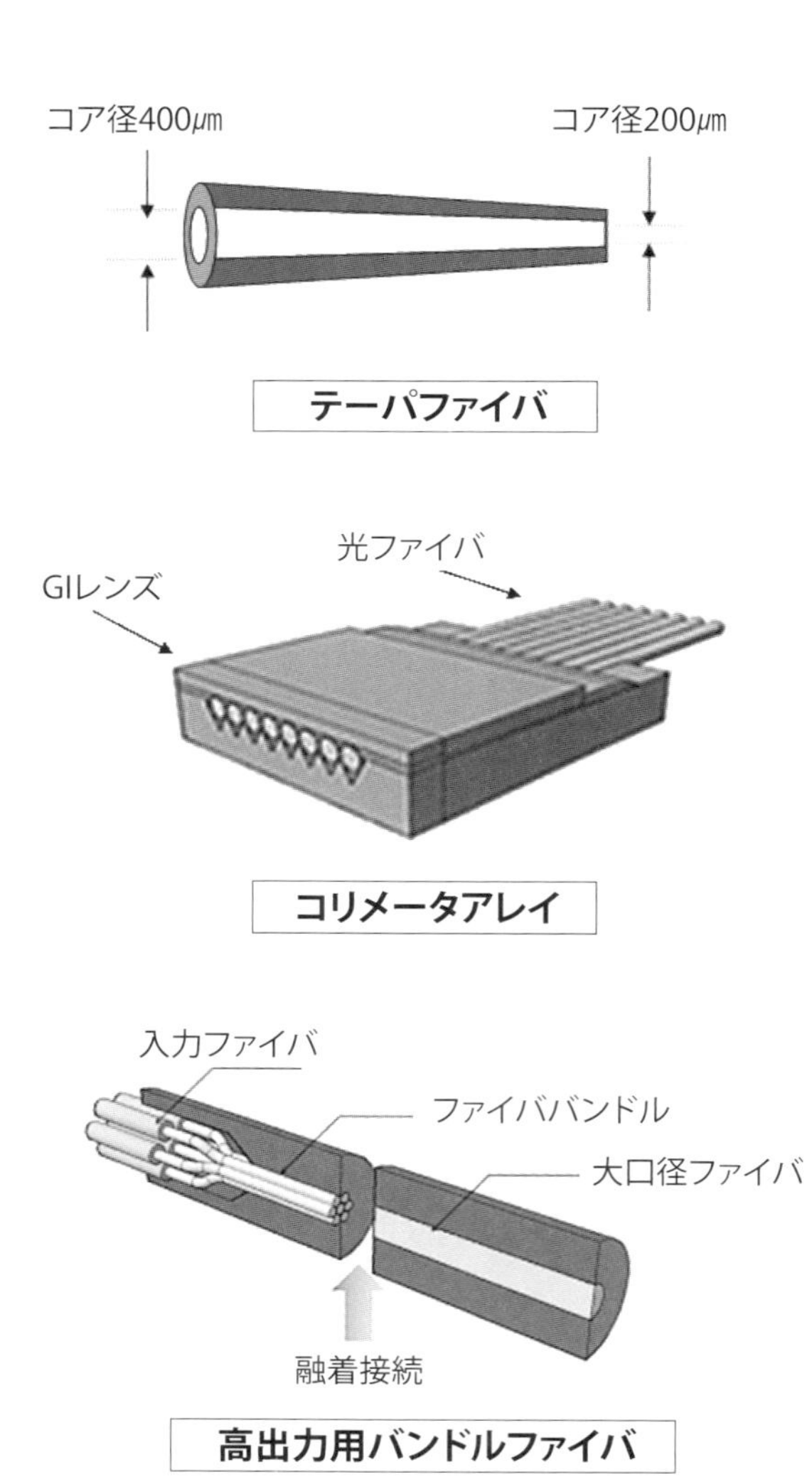

フォトニックサイエンステクノロジ㈱の主力製品

千歳科学技術大学とフォトニックサイエンステクノロジ㈱の年表

平成年	月	事柄
6	4	大学設立推進本部設置
	5	日立製作所施設営業本部今村部長代理に協力要請
	6	慶應義塾大学理工学部佐々木敬介教授に協力要請
7	5	日立総合計画研究所「PHOTONICS VALLEY構想」作成
	7	大学名「千歳科学技術大学」に決定
	12	大学設立基本計画策定
8	3	大学設立準備財団設立（基本財産2億円）
	9	文部科学省に大学設置認可申請
9	8	ホトニクスワールドコンソーシアム（PWC）設立
	12	学校法人「千歳科学技術大学」設置認可
10	4	千歳科学技術大学開学
	10	佐々木敬介学長逝去
	12	光技術国際会議「ICONO'4開催」
12	1	フォトニックサイエンステクノロジ㈱（PSTI）設立、資本金10、000千円

		小林壮一氏代表取締役社長に就任
	3	PSTI事務所を千歳市東雲町5丁目に開設。
	11	PSTI最初の研究開発事業助成金採択される。
13	4	千歳科学技術大学坂本専務理事辞任
	6	PSTI製品初売上（テーパファイバ）
	10	光技術に関する企業連携組織「PST-net」発足
14	5	第1次経営危機到来
15	10	資本金12、300千円増資し22、300千円になる。
	12	総務省所管研究開発事業（SCOPE）採択される。
18	6	経済産業省所管研究開発事業（モノづくりプロジェクト）採択される。
	12	長尺光ファイバ線引き装置導入。㈱共立鉄工所の協力あり。
20	8	経産省所管「地域イノベーション創出研究開発事業」採択される。
	12	光ファイバ母材製作用のVAD装置導入。㈱共立鉄工所の協力あり。
22	9	インターオプト2010に初出典。来訪客押し寄せ大盛況。
24	5	坂本捷男氏代表取締役社長に就任。
26	10	製品化ラインナップ12品目になる。
27	3	第2次経営危機に直面し、社債発行決議
28	3	平成27年度売上が前年度の2倍を記録。PSTIの独自技術への評価高まる。

年	月	内容
	10	製品化ラインナップ30品目になる。
29	1	量産化製品の受注獲得。
	7	第3次経営危機に直面し、社債追加発行決議
30	3	平成29年度決算で過去最高の売上高記録。国プロ依存から脱出。

平成 12 年 3 月　PST I の事務所開設時の集合写真
左後列から　吉田、坂本、小林、雀部（3代目学長）小野寺、碓井
左前列から　吉田奥様、坂本奥様、今村

付録　千歳科学技術大学キャンパスデザインのシナリオ

千歳科学技術大学のキャンパスには、造成時に坂本が創作した様々なシナリオが隠されている。その主なものを紹介する。いつの日か大学のキャンパスを訪れた際には、是非思い起こして、観賞していただきたい。きっと、心に刻まれる何かを発見することができるでしょう。

弓状の校舎

千歳科技大の校舎は、ゴルフ場を思わせる二十八ヘクタールのグリーンの中にある。広いキャンパスを生かすため、日本設計の提案により、美々学園通り側に本部棟、千歳湖を挟んだ美々西通り側に研究棟と建造位置を分離し、千歳（ＣＨＩＴＯＳＥ）の頭文字

〝C〟の線上に両者を配置した。

本部棟と研究棟がカーブを描いているのはそのためである。

〝C〟は弓の弧にあたり、弦となる部分に遊歩道があって、千歳湖にそそぐ美々川が矢の部分を構成している。光技術で世界を射とめようとの願いが籠められているのである。この様な幻想的なデザインは、国内どこを探してもない特筆すべきものである。

ひらめきの橋

弦となる歩道は、大学の研究棟から学部棟へと結び、中間に「ひらめきの橋」が架けられている。また、研究棟のロータリには大きなイチイの木があり、橋を渡りきった学部棟側には、桜の木が植えられている。イチイは、種を植えてから発芽するまで三年かかると

いう。研究開発も成果が出るまでに数年を要し、どちらも一朝一夕には実現しないということである。芽が出て橋を渡る間に製品化のアイデアがひらめき、二匹の狐に迎えられて渡りきった先で桜の花が開花し、大願成就になる、という筋書きである。橋の両脇に、ひらめきの橋の由来を書いた看板が掲げられてある。

「この道は、千歳科学技術大学の本部棟と研究等を結んでいます。基礎科学と新技術の創出を繋げていくことを狙いに一直線に設計されています。道路名の「浪漫通り」は、有為の学究が森林浴の中で思考散策しながら、未知なるものへの挑戦を続ける夢多き不断のドラマを想起させるものです。美々川に架かる「ひらめきの橋」は、生々流転の宇宙の中で真理探究の閃光を感受することを祈念しております。また、通りには知恵を授ける案内役として「キタキツネ」を設置してあります。欄干に手を乗せ精神を集中して願い事をするときっと良いことがあるでしょう。」

文面は坂本が佐々木学長と協議して作成し、書道家であった今村陽一の母親の今村誉子氏に書を依頼したものである。

バードウォッチング

学園内の通りに設置する街路灯のデザインを協議しているとき、溝江満弥主幹から、千歳市のシンボルバードであるヤマセミをデザインしてはどうかと提案があり、それを採用した。但し、坂本は、ヤマセミだけでは変化がないので、一羽だけ違う鳥にして、訪れた人がバードウォッチングを愉しめるようにしようではないかと再提案した。そのときに、夏目漱石が「草枕」の中で、イギリスの詩人シェレーの「ひばり」という詩を紹介しているのを思い出し、できれば鳥はヒバリがいいと注文を出しておいた。天に向かって一心不乱に舞い上がり、行きつく先で全霊を傾けてさえずる姿が、学問を志す者の精神と相通じるものがあるからである。漱石はこの詩を「前を見ては　後へをみては　物欲しとあこがれるかなわれ……」と訳し、それに比べヒバリは何と気高いのであろうと感慨にふけるのである。ところが、出来上がった鳥は何と「カケス」であった。「ヒバリ」は体が小さくて「ヤマセミ」とつり合いが取れないから、体の大きな「カケス」にしたとの説明である。また、一羽だけと言っておいたはずが、十羽に増えていた。これでは坂本の思いが叶わないばかりか、十羽もあればすぐに見つかってしまい、興味も半減してしまうではないか。しかしよく考えてみると、「カケス」は物まねの名人である。学問もモノづくりも「先人の物まね」から始まるのだから、これはこれでよかったのかもしれないと納得するのであった。すると思いもかけず、この街路灯が日本照明学会デザイン賞を受賞する事になったのである。工夫を重ね坂本の思いを形にしてくれた担当者の努力の賜であった。

学びの庭

キャンパスに入るとすぐ左に、「学びの庭」と銘打った小さな門があり、姿勢を正して潜り抜けると、禅問答が書かれた六柱のモニュメントが建っている。文面は坂本が学問の訓えとして刻ませたもので意味はこうである。

「知恵の重さ」……小さな厚い鉄板に取っ手が付いている。両手で持ち上げても重くて引き上げることができない。人間の知恵はそのくらい重たいのである。

「存在の確信」……鋼板の中央に直径五㎜ほどの穴が空いている。覗いてみても外の景色だけで何も見えない。何もないが、覗いた先に自分の求めている解があるのだと確信することが、物事を成就させる執念に繋がるのである。

「思考の目安」……鋼板に小さなメモリが上まで刻まれている。背丈を測る物差しではない。自分の考えや学んだことのレベルがどこまでなのかを量るのである。世界を相手に戦うには、己の存在を自覚し、どこにもないものを創出する能力が求められる。佐々木学長は、このオリジナルなコンセプトを作り出すことができる人物が本当の科学者であると諭していたのである。

「縮小の限界」……YESYESの後に意味不明なアルファベットがランダムに並んでいる。

前者はYESの繰り返しで後者は関連性のない文字の羅列である。物事を捉えるとき、これ以上省きようがなくその複雑な事象をそのまま一個の存在として認識しなければならない場面が沢山ある。避けて通れない現実、絶対不可避な条件にいち早く気付き、次の対策を練ることが重要なのである。

「面壁の捨」……達磨大師は、九年間ただひたすら壁に向かって修行し悟りを開いたと伝えられている。目的達成のためには、自分を捨て、地位も名誉も伝統も規模の大きさも関係なく、最善の方法を選択できる能力が求められる。坂本の要請に応えて、佐々木学長と今村陽一は文字通りこれを実践してくれたのである。

「陽の恵み」……光は太陽があっての光である。我々の周囲には、普段気が付かなくても日常生活に不可欠の要素が沢山存在する。学問の世界でも、普段見過ごしている事実の中に真理の解明につながるヒントが眠っている筈である。それを見つけ出すのは感謝の心に他ならない。モニュメントの上部に小さな穴が空けてある。太陽がこの円の中におさまる夏の夕べに、手を合わせて感謝の気持ちを表してはどうだろう。

モニュメントを後に、入ってきた門を見るとそこには「人知還流・人格陶冶」の文字が最後の悟りを開かせてくれる。入る時は何も身に付けていなかったが、大学を卒業する際にはこの学訓を体得して、門を潜るのである。

あとがき

平成二十九年四月、本書の出版委員会（委員長・今村陽一、委員・坂本捷男、小林壮一、吉田淳一、中島博之）の中島博之さんから電話をいただき、お会いしたところ今村さんからのこんなメッセージをいただいた。「ホトニクスバレー構想の軌跡」である。
「平成十年四月、北海道千歳市に公設民営の光テクノロジー専門の大学が設立され入学式を兼ねて開校式が執り行われました。特に文部大臣が新設校の開学式に出席される事は異例なことですが来賓として期待をこめた祝辞を述べられました。この大学は先端光技術の教育を行うばかりか、千歳市に関連企業の誘致を促し、さらに大学発のベンチャー企業を創生し、以て地域活性化を図るホトニクスバレー構想と銘打つ壮大なプロジェクトの中核機関としての役割を担っています。

この構想の立案者である坂本捷男氏は千歳市職員として数々の偉業を成し遂げてきた人物ですが、このプロジェクトは彼の人生に多大な影響を与えました。特にこのプロジェクトに賛同した日立製作所、慶應大学、ＮＴＴなどの企業からは意欲的なメンバーが集まり、産学官連携による本構想を短期間で実現することができました。

しかし予期せぬ佐々木学長の開校直後の急逝によりホトニクスバレー構想の存続が失われる事態に陥りました。

この時、坂本氏は千歳市の大学設立準備室長から設立後大学に異動し専務理事として自ら経営の舵取りを行いました。その後も産学官の連携を推進させるNPO法人であるPWCを平成九年に設立し、副理事長を兼務しながら国プロ受託の道筋を築き上げました。

そしてこの仕掛けを活用して、平成十五年大学教授と卒業生による光部品ベンチャー企業（PSTI）の設立を支援し現在は社長として活躍するなどホトニクスバレー構想を自ら率先、気が付けば二十年の歳月が流れてしまいました。

市職員が大学、財団、ベンチャー企業をすべて設立し、その後経営をした人物は日本広しといえど坂本氏以外に類を見ません。しかし、月日が過ぎるうちにホトニクスバレー構想の理念は薄らいでおり今後の継続が大切であり、多くの活躍したメンバー達の抱いた多くのロマンや直面した苦労は後世に伝えるべきレガシーと考えます。

さらに、この活動の軌跡は地域活性化の手法として大変有意義であり、今後の手引きとしても活用できることを鑑み、此の度編集するものです。

二〇一七年四月三日　　　今村　陽一

同時に中島さんから手渡された「千歳科学技術大学十周年記念誌」もあり、まさか同校の二十周年機関誌の編集が目的なのかと戸惑ったが、今村書簡で〝スーパー公務員〟坂本捷男さんを書くことだと知り、安堵した。

趣旨の通り、今村さんの狙いは、千歳市職員坂本捷男さんと自らの恩師でもある光テクノロジーの世界的権威、慶應義塾大学佐々木敬介教授との接点を持ち、佐々木教授のライフワークでもあった光研究の単科大学構想に依拠した拠点づくりと、そこから社会還元されるベンチャー企業の創出という「ホトニクスバレー構想」創出に繋げていった。

つまり、アメリカのシリコンバレーをモデルとした、核となるスタンフォード大学版の千歳科学技術大学とバレー化の構想の実現に向けてのプロジェクト発足となり、とんとん拍子で進められた。そこに集った男たち、つまり出身組織のワクを超えて理想に向けて集まった集団、中国の四大奇書の一つと言われる『水滸伝』の「梁山泊」よろしく〝優れた人たちが集まる場所〟でスペシャリストたちが集まり短期間のうちに現実化していったドラマといえた。

坂本さんから見せられた山積みの「白革の手帳」に驚愕し、几帳面で筆達者な回顧録、各人の証言を基に人間模様を展開した次第。

千歳科学技術大学の佐々木敬介初代学長を軸として百億円余りの税金を使った大学新設の開学編と、光テクノロジーの基礎研究と新テクノロジー研究開発へと繋げ、地域の産業技術の経済発展を目指すべく大学発ベンチャー第一号の実践編であり、ともに世界に先駆けた光テクノロジーの成功譚に大別しています。

佐々木イズムを凝縮させた建学精神の「人知還流」「人格陶冶」の場としての大学の在り方と、二十年という歳月を経てどのように社会発展に寄与する人材を育成してきたのか。今村さんたちの発意とは、熱く燃えた開学時のドキュメントとともに、いま一度建学精神に立ち返って光単科大学の在り方や、ホトニクスバレーの在り方について考える機会になればとの思いからである。

本書の刊行に際しては、三冬社営業担当の萬洲隆男さん、代表取締役佐藤公彦さんに一方ならぬお世話になりました。末尾を借りてお礼申し上げます。

二〇一九年一月

川嶋　康男

■著者
川嶋 康男（かわしま・やすお）

ノンフィクション作家。

北海道生まれ、札幌市在住。

『旬の魚河岸北の海から』（中央公論新社）、『永訣の朝』（河出書房新社）、『いのちの代償』（ポプラ社）、『七日食べたら鏡をごらん』（新評論）ほか。児童ノンフィクションとして『椅子職人』（大日本図書）、『いのちのしずく』『北限の稲作にいどむ』（農文協）、『大きな時計台小さな時計台』（絵本塾出版）ほか。『大きな手大きな愛』（農文協）で第56回産経児童出版文化JR賞（準大賞）受賞。

光プロジェクトの夢
スペシャリストたちの挑戦

平成31年　2月20日　初版印刷
平成31年　3月15日　初版発行

著　者：川嶋 康男
発行者：佐藤 公彦
発行所：株式会社 三冬社
〒104-0028
東京都中央区八重洲2-11-2 城辺橋ビル
TEL 03-3231-7739　FAX 03-3231-7735

印刷・製本／中央精版印刷株式会社

ISBN978-4-86563-046-6